蔬菜实用栽培技术指南

周俊国　主编

中国科学技术出版社
·北　京·

图书在版编目（CIP）数据

蔬菜实用栽培技术指南 / 周俊国主编 . —北京：
中国科学技术出版社，2018.12
ISBN 978-7-5046-8116-4

I. ①蔬… II. ①周… III. ①蔬菜园艺 IV. ① S63

中国版本图书馆 CIP 数据核字（2018）第 180893 号

策划编辑	乌日娜	
责任编辑	乌日娜　王双双	
装帧设计	中文天地	
责任校对	焦　宁	
责任印制	徐　飞	

出　　版	中国科学技术出版社
发　　行	中国科学技术出版社发行部
地　　址	北京市海淀区中关村南大街16号
邮　　编	100081
发行电话	010-62173865
传　　真	010-62173081
网　　址	http://www.cspbooks.com.cn

开　　本	889mm×1194mm　1/32
字　　数	178千字
印　　张	7.25
版　　次	2018年12月第1版
印　　次	2018年12月第1次印刷
印　　刷	北京长宁印刷有限公司
书　　号	ISBN 978-7-5046-8116-4 / S·738
定　　价	32.00元

本书编委会

主 编

周俊国

副主编

陈碧华 姜立娜

编 者

（按姓氏笔画排序）

刘振威 江 毅 李贞霞 杨鹏鸣

沈 军 陈学进 陈碧华 周俊国

姜立娜 郭卫丽

Contents 目 录

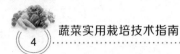

第一章

瓜类蔬菜

一、黄瓜栽培技术

（一）品种选择

1. 适宜春季大棚栽培的品种　主要有中农 12 号、春绿 7 号、中农 201、中农 203、中农 207、津园 4 号、北京 203、博特 202、津绿 21-10、冀新 26 号、津优 35 号、津优 308 号等。

2. 适宜秋季大棚栽培的品种　主要有津优 21 号、津优 30 号、津优 31 号、津优 32 号、津优 33 号、津优 38 号、津优 46 号、津优 48 号、津优 305 号、津优 401 号、新优 36 号、绿园 4 号、博美 2 号、佛罗里达 2 号、中农 16 号等。

3. 春季大棚和秋季大棚均适宜栽培的品种　主要有津优 10 号、津优 12 号、津优 13 号、津优 20 号、津优 35 号、津优 36 号、津优 303 号、中农 13 号、中农 18 号、中农 26 号、中农 28 号、中农 116 号、北京 204、北京 205、博美 70、博美 301、唐秋 208 号、德瑞特 D19 等。

4. 适宜大棚栽培的水果型黄瓜品种　主要有中农大 41 号、中农大 51 号、中农 19 号、中农 29 号、水果黄瓜 1 号、碧玉 2 号、京研迷你 4 号、津美 3 号、津美 2 号、荷兰迷你水果黄瓜、小脆等。

5. 适宜日光温室冬春茬栽培的品种　主要有津优系列的 12

号、31号、32号、35号、39号、305号、308号、335号等，中农系列的12号、16号、21号、31号、32号，博杰616，德瑞特721，完美一号，津绿21–10等。

6. 适宜春季露地栽培的品种 主要有津优35号、40号、48号、401号、406号，津杂1号、2号，津春4号、5号，中农8号、11号、12号、18号、28号等。

7. 适宜秋季露地栽培的品种 主要有津优40号、48号，津春4号、5号，中农28号，夏丰1号，夏青2号，津研7号，唐秋208等。

（二）育苗技术

1. 常规育苗 早春茬大棚黄瓜、早春茬温室黄瓜和春季露地黄瓜一般在冬春季节育苗，需要防寒保温设施；秋茬大棚黄瓜、越冬茬温室黄瓜和秋季露地黄瓜一般在夏秋季育苗，需要防雨降温设施。

（1）准备育苗床

①营养土配制 营养土要求没有病原菌和害虫，酸碱度适中、pH值6.5左右，疏松适度，透气性和保水性适中。营养土配制：3～4年没有种植过瓜类蔬菜的大田土占40%左右，有机肥（如完全腐熟的鸡粪、马粪、猪粪）占40%左右，填充物可根据土壤的黏重程度而定，如草炭土、珍珠岩、沙子、炉灰等，占20%左右。同时，按每立方米营养土加入磷酸二氢钾300克、尿素500克、硫酸钾0.5～1千克或草木灰5～10千克。将各种原料混匀后过筛去掉颗粒物，即配成营养土。

②营养土消毒 营养土消毒可采用以下2种方法：一是土壤拌药消毒。用50%多菌灵可湿性粉剂500倍液（每立方米营养土用药量25～30克），或40%甲醛100倍液（每立方米营养土用药量150～200毫升）喷洒营养土，拌匀后堆成堆，用塑料薄膜覆盖闷2～3天，揭开薄膜后，摊晾7～14天，待土壤中药味

散尽后使用。二是高温发酵消毒。秋季大棚黄瓜育苗，可在高温季节将营养土堆积呈馒头形，外面抹一层泥浆，顶部留1个口，从开口处倒入人畜粪，使堆内土壤充分湿润，用塑料薄膜覆盖闷10天以上进行高温发酵，扒开晾晒后使用。这种方法不但能杀死病原菌、虫卵、草籽，还可使有机肥充分腐熟。

③苗床铺设电热线 冬季育苗，宜选用电加温苗床，电热线布线间距为12.5厘米。营养钵育苗时挖深20厘米的低畦，穴盘育苗时挖深6厘米的低畦，在畦的两端按布线间距插小竹签，往返布线，然后覆盖2厘米厚的营养土，然后在上面摆放育苗容器。

（2）**育苗方式** 黄瓜应采用护根育苗方法。

①营养钵育苗 这是当前常用的育苗方式。常用营养钵规格为10厘米×10厘米或10厘米×8厘米2种。装营养土时，先装至营养钵的上口齐平，蹾实后距上口沿2厘米。育苗前先做育苗低畦，畦宽1.5米、深20厘米，长度依据温室或大棚的空间而定。将装好营养土的营养钵紧挨着整齐地摆放在低畦中，每行摆放20个，然后沿钵间的空隙浇水，营养钵中的营养土洇湿后播种。

②穴盘育苗 可选用72孔穴盘，每1000盘备用基质4.65米^3。营养土先装至与穴盘的上口齐平，蹾实后距上口沿1.5厘米，摆放到育苗场所后用水洇透备用。播种时1穴1粒。穴盘育苗营养土应适当增加大田土的比例，以防取苗时散坨。

多次使用的营养钵或育苗盘，为了防止其带菌传病，在育苗前可用0.1%高锰酸钾溶液喷淋消毒。

（3）**种子处理**

①种子消毒 可采用温汤浸种和药剂浸种2种消毒方法：一是温汤浸种。先将选好的种子放入55～60℃的热水中烫种15分钟，热水量是种子量（体积）的10倍左右。种子放入后要不停地搅拌，水温下降时再补充热水，使水温始终保持在55℃以上（浸种时可以在容器内放置1个温度计随时观察水温状况），15

分钟后在容器中添加凉水，使水温保持在30℃，继续浸泡4～6小时，以保证种子吸足水分。然后将种子反复搓洗，用清水冲掉种子表面的黏液，淋干水分后进行催芽。温汤浸种可预防苗期或成株期黑星病、炭疽病、病毒病、菌核病等病害的发生。二是药剂浸种。将种子放入清水中浸泡2～3个小时，再用40%甲醛100倍液或高锰酸钾800倍液浸泡20～25分钟，用清水清洗干净后催芽。药剂浸种可预防黄瓜枯萎病和黑星病的发生。

②种子催芽　将浸泡过的种子用潮湿的毛巾包裹置于25℃左右的黑暗环境中1～2天，种子即可萌动发芽，待种子露白或胚根3毫米长时即可播种。如果采用专用的恒温箱处理种子则效果更好。在催芽过程中每天要用温水淘洗种子，以去除种子表面的黏液。

为了提高幼苗的抗逆性，可进行变温催芽。方法是先将浸泡过的种子在25℃左右的黑暗环境中处理8～10个小时，待种子微微张口时将萌动种子放在-2～-4℃的低温环境下处理2～3小时，然后用凉水冲洗干净，平摊风干6～8个小时，再在25℃条件下进行催芽。

（4）播　种

①适宜播种期的确定　参考市场信息，把盛瓜期安排在市场上黄瓜价位高且畅销的时期。一般情况下黄瓜从开始收获商品瓜到进入盛瓜期需15～20天，从定植到采收商品瓜需40～55天，从播种到定植需17～25天。所以，播种期应确定在黄瓜畅销期前的70～100天，也就是说春茬大棚黄瓜应在畅销期前的100天播种育苗，秋茬黄瓜应在畅销期前的70天播种育苗。此外，还要考虑品种的熟期，中熟品种比早熟品种要提前10天播种，晚熟品种比早熟品种提前20天播种。

根据华北地区的气候和市场行情，冬春季穴盘育苗主要为早春保护地生产供苗，播种期以12月中旬至翌年1月中旬为宜；夏季穴盘育苗是为秋大棚生产供苗，播种期以7月上中旬为宜。

②播种方式　如果采用营养钵育苗，将营养钵装上营养土后浇透水，把经过催芽的种子平着摆在营养钵的中央，每个营养钵放1粒种子，使胚根处于营养钵的中心，然后轻轻按一下种子，使种子与营养土紧密接触。播种后轻轻覆盖一层过筛的潮湿营养土，用小木板将土推平并轻压一下，保证覆土厚度为1～1.5厘米。为了提早出苗，冬春季节可在营养钵下面铺设电热线，上面加盖地膜，待幼芽顶土时把地膜撤掉。

如果采用穴盘育苗，在育苗盘内装上营养土，整平后浇透水，把已催芽的种子均匀地平放在育苗盘的中央，上面覆盖1厘米厚的细沙子。冬春季节播种后最好把育苗盘摆在电热线上，上面覆盖地膜，以便保温。夏季则应放在遮阳棚或遮阳网下，并注意保持营养土湿润。播种1天后陆续出苗时，立即去掉地膜。

（5）幼苗出土后的管理

①防止幼苗戴帽出土　黄瓜苗出土后子叶上的种皮不脱落，俗称戴帽。为了防止黄瓜苗戴帽出土，营养土要细而松，播种前要浇足底水，覆盖潮土厚度要适宜，覆土后要加盖地膜保湿，使种子从发芽到出土期间保持湿润状态。幼苗刚出土时，在当天的上午10时左右揭去地膜，如果床土过干要立即用喷壶喷水。一旦发现戴帽苗要立即人工摘除种皮。

②防止黄瓜苗徒长　子叶出土到真叶平展是管理的关键时期，此期黄瓜幼苗下胚轴容易徒长，尤其是夏季育苗更易出现这种现象。因此，当有80%左右的种子破土出苗后要降低温度，白天温度保持20～25℃、夜间12～16℃，同时增加光照，使子叶尽快绿化，以免高温弱光造成小苗徒长而形成高脚苗。同时，在黄瓜第一片真叶展开之前就开始花芽分化，幼苗徒长，一方面会延迟雌花形成，另一方面形成弱苗容易导致猝倒病的发生和蔓延。

（6）苗期管理

①温度管理　从幼苗子叶平展到定植前7～10天，期间白

天温度保持 20～25℃、夜间 13～15℃，有利于培育壮苗，还有利于雌花分化，降低雌花节位。在定植前 7～10 天，可适度进行低温锻炼，白天温度降至 15～20℃、夜间 10～12℃，以提高秧苗的适应能力和移栽成活率。

冬季育苗时可以通过铺电热线、大棚内加盖小拱棚、大棚外加盖草苫等措施，使苗床夜温一般不低于 10℃，3～5 个小时的短时间内不低于 8℃；夏季则通过加盖遮阳网等方法，使最高温度控制在 35℃以内，短时间内温度不超过 40℃。

②光照管理　在光照充足的条件下，幼苗生长健壮，雌花节位低且数目多。秋冬季育苗为了增加光照，需经常保持覆盖物的清洁，草苫要早揭晚盖，日照时间控制在 8 小时左右。在温度满足的条件下，最好是在上午 8 时左右揭开草苫，下午 5 时左右盖上草苫保温。阴天和连续阴雨天也要正常揭盖草苫，尽量增加光照时间。夏季育苗时，高温、强光是培育壮苗的限制因素，要通过加盖遮阳网降低光照强度。

③水分管理　播种前浇足底水，苗期尽可能不浇水，以保墒为主。当大部分幼芽拱土后，注意用土封裂缝，以利保墒。选晴天的上午覆盖干细土，其厚度 0.3 厘米左右。在幼苗生长期间，营养土要保持见干见湿，如果表土干燥，可用喷壶洒水 2～3 次。

④施肥　若营养土配制时施入的肥料充足，整个苗期不用施肥。发现幼苗叶片颜色淡黄、出现缺肥症状时，可喷施磷酸二氢钾 500 倍液。在育苗过程中，要切忌过量追施氮肥，以免引起幼苗徒长。

（7）壮苗标准　黄瓜一般用中龄苗定植，壮苗要求：2～4 片真叶 1 心，叶片较大、深绿色、子叶健全、厚实肥大；株高 13 厘米左右，下胚轴高度不超过 6 厘米，茎粗 5～6 毫米；根系发达，根系将基质紧紧缠绕，当秧苗从穴盘拔起时也不会出现散坨现象；没有病虫害，叶片完整，无病斑。株高超过 17 厘米、茎粗小于 5 毫米，节间长，叶片薄而色淡，则为典型的徒长苗。

2. 嫁接育苗 嫁接苗可以克服土壤连作障碍，防止根部病害发生，尤其可避免枯萎病等土传病害发生；砧木根系发达，吸水吸肥能力强，植株生长速度快，黄瓜嫁接栽培比自根栽培增产30%～50%，增产效果显著；植株抗逆性强，根系的耐寒、耐热、抗病能力大幅度提高。

（1）**砧木品种** 黄瓜嫁接常用砧木品种有黑籽南瓜、中原强生、中原冬生、ZS-18 号、京欣砧 6 号、北农亮砧、固本、博强2 号、台丈夫、日本优清台木、日本嘉辉台木、新土佐等。除此之外，还要经常关注市场信息，选用新推出的黄瓜砧木品种。

（2）**嫁接方法** 黄瓜嫁接主要采用靠接和插接 2 种方法。

①靠接法 也称舌接法。砧木和黄瓜接穗要错期播种，先播黄瓜，后播砧木南瓜。黄瓜在苗床上播种密度可适当稀一些，种子间距以 3 厘米为宜，以利黄瓜苗下胚轴较粗壮。黄瓜播种2～4 天后、有 1/3 开始顶土时，开始对南瓜种子进行浸种处理。南瓜和黄瓜一般都播在苗床上。南瓜播种密度较大些，使南瓜下胚轴较细，这样可使砧木苗和接穗苗的下胚轴粗度相近，易于嫁接，成活率高。

当南瓜苗第一真叶半展开、黄瓜苗 1 叶 1 心时，即黄瓜播种后 12 天左右即可嫁接。嫁接前 1 天，将砧木和接穗苗浇透水，并用 75% 百菌清可湿性粉剂 800 倍液对砧木和接穗均匀喷雾，将幼苗冲洗干净，预防病害发生。嫁接前准备好工作台、锋利刀片、小竹签、塑料嫁接夹等嫁接工具。小竹签为长 5～6 厘米的竹签，应选用质地较硬的竹青部分，在竹签尖端 0.5 厘米处削成楔形，顶端齐头、宽约 3 毫米，相当于黄瓜的茎粗。注意竹签的顶端必须平整光滑，以利于嫁接成活。

嫁接在遮阴条件下进行。先从苗床中拔出砧木苗和接穗苗，拿起砧木苗用竹签轻轻除去生长点，用刀片在砧木苗下胚轴的一侧子叶下 0.5～1 厘米处，自上向下呈 45° 下刀，刀面与 2 片子叶伸展方向平行，斜割的深度为茎粗的 1/2，最深不能超过茎粗的 2/3，切割后轻轻握于左手。再取黄瓜苗在子叶下 1～2 厘米处自下向上呈 45°下刀，刀面与 2 片子叶伸展方向垂直，向上斜切下胚轴的 1/2 深，其长度与砧木切的长度相当。将砧木和接穗的切口相嵌，使接口吻合，嵌合后黄瓜子叶高于南瓜子叶，呈"十"字形。然后用专用嫁接夹从接穗一侧夹住靠接部位。

靠接好后，立即把嫁接苗栽到营养钵内。栽植时，为了便于以后去掉接穗根系，注意将接穗与砧木的根分开一定的距离；嫁接口与土面保持 2～4 厘米的距离，这样既可避免土壤污染接口，又可防止接穗与土壤接触发生不定根。移栽好后浇足水，放入小拱棚内的苗床上培育。

②插接法　砧木和黄瓜接穗错期播种，先播南瓜，后播黄瓜。黄瓜播种在育苗平盘上，播种可适当密一些。南瓜播种 3～4 天后，开始对黄瓜种子进行浸种处理。南瓜可直接播种在营养钵中。

在黄瓜播种后 7～8 天、子叶展平时，砧木苗第一片真叶约有一元硬币大小时，是嫁接适期。在嫁接前 2 天，苗床喷施 75%百菌清可湿性粉剂 800 倍液，预防病害。在嫁接前 1 天，砧木苗和接穗苗均浇足水，以提高嫁接成活速度。嫁接时间可根据天气灵活掌握，阴天可全天嫁接，晴天时最好在上午进行。

嫁接时先用刀片把砧木的真叶和生长点清除干净，防止以后子叶叶腋中再发出新的真叶，但不能伤及子叶。操作时，右手捏住竹签，把竹签削面朝下，左手拇指、食指捏住砧木下胚轴，使竹签的先端紧贴砧木一片子叶基部的内侧，向另一片子叶的下方斜插（沿砧木右边子叶向左边子叶斜插），插入深度一般为0.5～0.6 厘米。插入竹签时避免插得过深（过深会插入砧木下胚轴中央的空腔），防止插穿砧木的表皮。再将接穗沿没有子叶的一面、在距子叶 1 厘米处朝下用刀片削成长 0.5 厘米、倾斜 40°的斜面，其对面也要用刀片垂直向下削去表皮。接穗削好后，拔出插入砧木的竹签，快速将接穗斜面朝下插入砧木，其深度与砧木上的插孔吻合，使接穗子叶和砧木子叶呈"十"字形交叉。从削接穗到插接穗的整个过程，均要做到稳、准、快。

嫁接完成后立即浇足水，放入苗床，加盖小拱棚，使棚内空气相对湿度达到100%，并在棚上盖草苫或遮阳网进行遮阴。

（3）**嫁接苗管理** 常言说"三分接，七分管"，黄瓜嫁接苗管理的关键技术是为嫁接苗创造适宜的温度、湿度、光照及通气条件，加速接口的愈合和幼苗的生长。

①保温 嫁接苗伤口愈合的适宜温度为25℃左右，一般嫁接后的3～5天，白天温度保持24～26℃，不超过27℃；夜间温度保持18～20℃，不低于15℃。3～5天以后开始通风，并逐渐降低温度，白天温度降至22～24℃，夜间降至12～15℃，防止嫁接苗徒长。

②保湿 如果嫁接苗床的空气湿度小，接穗易凋萎而降低嫁接苗成活率。因此，保持较高湿度是嫁接成败的关键，嫁接后的3～5天，小拱棚内的空气相对湿度保持85%～95%，但营养钵内的土壤湿度不能过高，以免烂苗。

③遮阴 嫁接后的1～2天，在小拱棚外覆盖草苫或遮阳网，既可避免阳光直接照射秧苗而引起接穗萎蔫，夜间还起保温作用。嫁接后的2～3天，可在早、晚揭除草苫以接受散射光，中午前后覆盖草苫遮阴。嫁接后的3～5天逐渐增加见光时间。嫁接1周后完全不用遮阴。

④通风 刚嫁接后不能通风，以保持较高的湿度。3～5天后，嫁接苗开始生长时进行通风；开始通风口要小，以后逐渐增大，通风时间也随之逐渐延长，一般9～10天后即可进行大通风。开始通风后，要注意观察苗情，发现萎蔫应及时遮阴喷水，并停止通风，避免因通风过急或通风时间过长而造成嫁接苗萎蔫。

⑤接穗断根、去腋芽 用靠接法嫁接的黄瓜苗，在嫁接苗栽植10～11天后就可以给接穗断根，方法是用刀片割断嫁接口以下的幼茎。砧木切除生长点后7天会有腋芽萌发，如不及时除

去，则影响接穗养分与水分供应。去腋芽应在嫁接 7 天后进行，一般每 2～3 天 1 次。

（三）大棚黄瓜早春栽培

1. 定植前的准备

（1）**整地施基肥**　整地和施基肥一般在上一年秋冬季完成。基肥每亩（1 亩 ≈ 667 平方米）施有机肥 5 000～7 000 千克、过磷酸钙 100 千克或三元复合肥 50 千克。然后翻耕晒地。

（2）**扣棚**　定植前 20～30 天扣棚，提高地温。如果是春秋连作，应清洁大棚，清除残株、落叶和杂草。扣棚后，每亩用45% 百菌清烟剂 250～300 克，或硫黄 1 千克，分堆点燃对大棚进行熏蒸，以降低病虫基数。

（3）**做畦覆膜**　定植前 10 天进行整地做畦，整地要使土壤细而碎，肥土混合均匀。做高畦，以利于提高地温，获得早期高产。畦为南北向，畦高 10～15 厘米。做畦时一定要注意协调畦埂与大棚压线的位置，以保证压线处的滴水不滴到黄瓜叶片上为宜，可减轻病害的发生。畦宽 70～80 厘米，每畦做埂 2 行，行距 40～50 厘米，畦行中间开水沟，以备后期大量需水时，从畦面中间的垄沟浇水。在定植前 5～7 天覆盖地膜，以利于保湿和提高地温。黄瓜定植于埂上，株距 20～25 厘米。作业道宽50～60 厘米。

2. 定　植

（1）**定植时期**　华北地区，定植期为 2 月中下旬至 3 月中下旬。扣棚后大棚内 10 厘米地温稳定在 10℃以上、最低气温在 5℃以上即可定植。定植选在寒流刚过、晴天无风的上午进行，千万不能为了赶时间选在寒流天气定植，更不能在阴雨雪天定植。

（2）**定植方法**　栽苗时，在畦埂的地膜上按株距打直径 12厘米、深 10 厘米的定植孔，先往孔中浇水，再将苗带土坨放入，稍加覆土后用土把膜孔封严，定植深度以苗坨和畦面相平为宜。

一般以每亩栽4 000株左右为宜，早熟品种密度可加大至4 500株，晚熟品种适量减少。

3. 田间管理

（1）缓苗前管理

①温度管理　如果在2月初定植，可采用大棚内搭小拱棚栽苗，在定植当天就要插好小拱棚，扣上二层膜，夜间加盖草苫防寒。定植后7天内，如白天棚内温度不超过35℃可不揭小拱棚，大棚也不用通风。白天温度保持30～35℃、夜间15℃左右，最有利于缓苗。小拱棚上的覆盖物要早揭晚盖，缓苗后逐渐揭去小拱棚覆盖物。

②浇缓苗水　定植7～8天，幼苗新叶开始生长时缓苗结束，这时应在天晴时浇1次缓苗水。缓苗水可根据地温采用2种方法浇水：一是地温较低时可按穴孔浇水，逐株点水，待水全部渗入后再覆土，覆土厚度没土坨上方1厘米即可。待缓苗后再垄沟浇1次小水。二是地温较高时，可顺垄沟在膜下浇水，一次浇透。生产中无论哪种方法，都要根据地温和天气掌握浇水量，绝不可过量，否则地温降低，影响缓苗。

（2）抽蔓期管理　黄瓜从4叶1心到根瓜坐住为抽蔓期。多数品种从第四节开始出现卷须，节间开始伸长，蔓的延长和叶片生长明显加快；有些品种开始出现侧枝，雄花和雌花也先后出现并开放。抽蔓期较短，一般为10～20天，当第一条瓜的瓜把由黄绿色变为深绿色时标志着抽蔓期结束。

①中耕松土　定植7～10天开始至结瓜前中耕松土2～3次。

②适当通风降温　棚内白天温度保持在25～30℃，超过30℃即通风，午后温度低于25℃停止通风。夜间温度保持在10～15℃，幼苗徒长或预感到秧苗雌花分化不好时夜温可降至10℃左右。通风方法是先打开门窗，随着外面温度的升高，可以卷起肩部压在围裙上的薄膜，扒缝通风。5月中旬左右，通风口面积应达到覆盖面积的10%。阴天虽然气温低，但由于阴天光照弱、

湿度大，植株容易染病，因此也要适当通风排湿。

③酌情浇水　抽蔓期适当蹲苗，不浇水，不追肥，促进根系向下生长，控制茎叶生长，以利开花坐果。发现秧苗缺水时，可顺沟浇小水，待表土稍干立即中耕松土。根瓜坐住开始正常发育后及时停止蹲苗，这个时间把握很重要，早了易疯秧徒长，晚了可能出现瓜坠秧现象。

④吊蔓和植株调整　定植缓苗后，当黄瓜蔓长至5～6片叶或蔓长25～30厘米时，应及时用尼龙绳吊蔓或用细竹竿插架绑蔓。以主蔓结瓜为主的品种，及时摘除侧枝，10～12节以下的侧枝全部打掉；对于主、侧蔓均可结瓜的品种，在10～12节以上、叶腋无主蔓瓜的侧枝要保留，结1个瓜后在瓜前留2～3片叶打顶。及时打掉植株下部病叶、老叶和畸形瓜。此外，对雄花、卷须也要摘除，以节约养分。现在生产中广泛使用绑蔓夹，每株使用2个绑蔓夹，将植株直接固定在吊绳上，此法不用绕蔓，便于后期落蔓。

⑤追肥浇水　生长正常的植株第一次追肥浇水在根瓜膨大期，即大部分植株根瓜长15厘米左右时。若长势旺，结瓜正常且不缺水，可推迟到根瓜采摘时进行；若长势弱，土壤缺水，结瓜不正常，浇水就要提前。第一次浇水要浇透，结合浇水每亩施三元复合肥15～20千克，或每株刨坑追施腐熟有机肥50克或硝酸铵10克，注意追肥后及时浇水。

（3）结瓜期管理　从第一条根瓜坐住至收获结束这段时期为结瓜期。在正常条件下，瓜条长度日生长量可达4～5厘米，瓜粗日生长量可达0.4～0.5厘米，一般一条瓜从开花到商品成熟需要10～15天。

①温度管理　进入结瓜期的时间一般在3月下旬至4月份，此期外界气温日渐升高，当外界白天气温在20℃以上时掀开裙膜、打开门进行通风，夜间前半夜温度保持16～20℃，后半夜13～15℃，如温度过低则要注意早揭晚盖草苫。当外界最低气

温达到 25℃以上时可昼夜通风。

②肥水管理　此期一般每 3～5 天浇 1 次水，浇水应在采瓜前进行，以利于黄瓜增重和保持鲜嫩。宜在早、晚浇水，以早上为最好。施肥要按少量勤施的原则进行，还要注意观察植株的形态及时补充。在根瓜坐住并已开始伸长时，选晴天进行追肥，每亩施尿素 15 千克左右，随水灌入沟内后把地膜盖严。结果初期一般每 6～7 天浇 1 次水，每 12～14 天追 1 次肥，每亩每次用高氮高钾复合肥 15～20 千克。在结瓜盛期，天气好时一般每 3～4 天浇 1 次水，每 7～8 天追 1 次肥，每亩每次施硝酸钾20～30 千克。5～6 月份高温天气，每 2～3 天或每 1～2 天浇1 次水，每 4～5 天追 1 次肥，每亩每次可施硝酸钾 30～35 千克。

③植株整理　秧苗长至 5～6 片叶时易倒伏，应用无色塑料绳吊蔓，吊蔓需注意在每次缠绕瓜秧时不要把瓜码绕进绳里。同时，要及时整枝绑蔓，绑蔓一定要轻，不要碰伤瓜条和叶片，以免影响生长。绑蔓时，最好使每排植株顶端处于同一高度，以保证整体一致。具体做法是对生长势较弱的植株直立松绑，对生长势强的植株弯曲紧绑，用不同的弯曲程度来调整植株生长上的差异。每次绑蔓使"龙头"朝向同一方向，这样有规律的摆布能有效地防止互相遮光。绑蔓时顺手摘除卷须，以节约养分。对有侧蔓的品种，应将根瓜下面的侧蔓摘除，根瓜上面的侧蔓可留1～2 个瓜摘心，主蔓长至 25 片叶时即可摘心。黄瓜生长中后期及时摘除基部老叶、黄叶、病叶，有利通风透光和减轻病虫害。

当植株顶到棚顶薄膜时要进行落蔓，即将植株整体下落，让植株上部有一个伸展空间继续生长结瓜。落蔓时，先将瓜蔓下部的老叶摘掉，然后将瓜蔓基部的吊钩摘下，瓜蔓即从吊绳上松开，用手使其轻轻下落顺势盘放在地膜上，瓜蔓下落到要求的高度后，将吊钩再挂在靠近地面的瓜蔓上，然后把上部茎蔓继续缠绕并理顺，尽量保持各株黄瓜"龙头"上齐。

落蔓时注意事项：一是落蔓前 7～10 天最好不要浇水，以降低茎蔓组织的含水量，增强茎蔓组织的韧性，防止落蔓时因瓜蔓太脆而断裂。二是落蔓要选择晴天的下午进行，避免在上午 10 时前或浇水后落蔓。三是落蔓时动作要轻，不要硬拉硬拽，要顺着茎蔓的弯向引蔓下落。一般每次落蔓长度不超过 0.5 米，使植株始终保持 1.7～2.1 米的高度，保持有叶茎蔓距垄面 15 厘米左右，每株保持功能叶 15～20 片。生产中可依据植株长势灵活掌握，若瓜秧长势旺可一次多下落些，否则可少落些。四是落蔓后的几天里，茎蔓下部萌发的侧枝要及时抹掉，以免与主蔓争夺营养。

随着植株的生长，可将 45 天以上叶龄的老叶、黄叶、病叶打去，以改善光照条件。打老叶时，一次只可打去 1～3 片，逐步进行不可贪多，以免削弱植株的长势。黄瓜自第三片真叶展开后，每个叶腋间均着生卷须，应及时掐去。

摘心的时间应根据品种特性而定，易结回头瓜的品种，一般在拉秧前 1 个月摘心；以侧蔓结瓜为主的品种，应在主蔓 4～5 片叶时摘心，保留 2 条侧蔓结瓜。

④采收　一般雌花开花后 7～12 天，瓜把深绿色、瓜皮有光泽、瓜上瘤刺变白、瓜顶稍现淡绿色条纹时即可采瓜，我国华北大部分地区以果实"顶花带刺"作为最佳商品采收期。根瓜应尽量早收，以免坠秧。初瓜期每隔 2～3 天采收 1 次，盛瓜期可每天进行采收。

（4）结瓜后期管理　此期在管理上要以控为主，注意植株的更新，以保证一定的产量。首先适当加大通风量，降低温度，特别是夜间温度。同时，少浇水，控制茎叶生长，注意培育其中 1个侧蔓，去掉主蔓而用侧蔓代替主蔓结瓜。如果肥力较差，可以采用叶面喷肥的方法增强植株的长势，可叶面喷施 0.2% 磷酸二氢钾或尿素溶液。进入 7 月份，此茬黄瓜产量已较低、品质也较差，露地和小拱棚黄瓜已进入结瓜盛期，应及时拉秧腾地，为下茬生产做准备。

（四）大棚黄瓜秋延后栽培

大棚黄瓜秋延后栽培在华北地区是指 7 月上旬至 8 月上旬播种，7 月下旬至 8 月下旬定植，9 月上旬至 11 月下旬供应市场，整个生育期长达 110～120 天，大棚扣膜时间一般在 10 月上旬前后。

1. 种植前准备 大棚黄瓜秋延后栽培，应选择地势高、土质肥沃的地块，避免重茬。前茬蔬菜收获后，及时清除枯枝烂叶，并抓紧整地和进行大棚消毒，消毒可在整地前进行，也可在整地后进行。整地前棚内熏蒸消毒，可将架材一并放入，扣严薄膜，每亩用硫黄粉 2～3 千克、80% 敌敌畏乳油 0.25 千克，拌上锯末，分放于铁片上点燃后密闭棚室熏 1 夜，可消灭地上部分害虫及病菌。播种前 10～15 天整地施基肥，深翻 25～30 厘米晒垡。结合翻地，每亩施腐熟细碎有机肥 3 000～4 000 千克，翻耕使肥土混合均匀。若前茬蔬菜每亩施基肥超过 7 500 千克，这茬黄瓜可适当少施基肥。

播种前 5～7 天做畦，一般做成高 10 厘米、宽 80 厘米的大垄，两个大垄间开宽 40 厘米的大沟，在每个大垄中间开宽 20 厘米的小沟，形成 2 个宽 30 厘米、高 10 厘米的小垄。垄四周挖排水沟，以便在小苗期间沟浇小水降低地温和下雨时及时排出雨水。定植时，每小垄上栽植 1 行黄瓜苗，株距 20 厘米左右，每亩栽植 4 500～5 000 株。

播种及苗期正处在夏秋高温多雨季节，易发生各种病害，特别是结瓜前期雨水多，影响根系发育，因此播种后应搭设遮阴棚。遮阴棚拱架可与塑料大棚拱架合用，遮阴棚一般覆盖透明度较差的废旧塑料薄膜，或在棚膜上覆盖一些麦秸、苇席等遮阳物，棚膜四周全部揭开，这样可以有效地预防疫病等土传、水传病害的发生。当然，有条件的采用遮阳网覆盖，效果更理想。

2. 播种或育苗 播种期应根据当地自然气候条件和黄瓜在大

棚内可延迟生长发育的时间来确定，以提前4个月播种比较适宜。如大棚内霜冻期在11月中下旬，则以7月中下旬播种为好。同时，还应考虑使这茬黄瓜的供应期赶在秋露地黄瓜已结束、温室黄瓜上市之前。大棚黄瓜秋延后栽培可采用直播，也可采用育苗移栽。

（1）**直播**　可采取干籽直播，也可浸种催芽后再播种。直播出苗齐、抗性强，生产中此茬黄瓜最好不要采用育苗移栽。秋延后黄瓜生长期短，一般要比春茬黄瓜适当密植些，每亩可栽植4 000～5 000株，直播一般按行距60厘米、穴距25～35厘米，每穴放2粒种子。播种时先浇足底水，然后按株距进行穴播，播后覆土并适当镇压，每亩播种量250克左右。播种后于傍晚施毒饵，防治地下害虫：防治地老虎、蝼蛄等可用90%敌百虫可溶性粉剂100克兑水1升，拌入切碎的鲜草或菜叶6～7千克，傍晚撒于菜地诱杀；防治蟋蟀，可用90%敌百虫可溶性粉剂50克兑水1.5升，用1千克配好的药液拌入20千克炒香的麦麸，捏成团施于田间诱杀。

（2）**育苗栽培**　可采用大棚内搭凉棚或用遮阳网覆盖育苗。畦宽1～1.2米、长6米左右，每亩畦面撒施腐熟圈肥3 000千克，翻土10厘米深，使土和肥充分混匀。将畦面搂平，按10厘米×10厘米行株距划方格，在每格中央平摆2粒种子，上面覆盖2厘米厚营养土，轻踩一遍后浇水。出苗后保持畦面见干见湿，若畦面偏干，应于早晨和傍晚浇水。

一般在夏秋高温季节，黄瓜雌花出现的节位偏高，往往在6～8节以上，而且数量较少，一般间隔2～3节才有1朵雌花。为了增加产量，促进黄瓜植株雌花分化和发育，多在黄瓜幼苗期喷洒乙烯利，以促进雌花的形成。具体方法：一般在幼苗长至1叶1心时，用100毫克/千克乙烯利溶液喷施，每隔2天喷1次，共喷3次。生产中要注意用药浓度，浓度过高易出现花打顶，植株生长缓慢；浓度过低效果不明显。喷药宜在早晨进行，避免中午高温时段喷施，以免发生药害。

3. 定苗及定植后管理 采用直播方式的，播种后 7～10 天内，当幼苗出齐、子叶展平至第一片真叶展开时分期进行间苗和补苗，选留健壮、整齐、无病的秧苗，3 片真叶期按每亩 4 500 株左右定苗。如果幼苗瘦弱，可叶面喷施 0.1%～0.2% 磷酸二氢钾溶液。同时，注意防虫防病，以确保苗齐苗壮。

苗期要进行多次浅中耕以松土保墒促扎根。雨后要及时浇小水、喷药以防病保苗。遇高温干旱，为降低温度应适当增加浇水次数及数量，每次浇水后均应加强中耕松土。若发现幼苗徒长，可用 500～1 000 毫克 / 千克矮壮素溶液喷洒。发现缺苗时，可在清晨或傍晚进行移栽补苗，补苗时注意浇足水。

采用育苗移栽的，当幼苗 2 叶 1 心时即可定植，每小垄上栽植 1 行苗，株距 20 厘米左右，每亩栽植 4 500～5 000 株。

4. 温湿度管理

（1）高温期 从播种到 9 月上中旬，黄瓜处于幼苗期至根瓜生长阶段，根瓜收获前一般不需追肥浇水，防止黄瓜秧徒长。根瓜开始采收时瓜蔓基本满架，主蔓留 22～25 片叶摘心。当根瓜采收 90% 以上时结合浇水进行追肥，这次浇水严禁大水漫灌，否则会因水与根部温差过大，造成落花和化瓜。此期间，高温多雨，除棚顶扣膜外，四周敞开进行大通风，下雨时将薄膜放下来，雨停后立即打开。同时，注意苗期及时排水防涝，防止畦内积水，积水或遭雨水冲刷处应尽快划锄透气，以免造成根系窒息而死。

（2）适温期 从 9 月上旬至 10 月上旬，是秋延后大棚黄瓜生长旺盛时期，也是生产的最关键时期，更应注意防病和护秧，为黄瓜高产创造适宜环境。具体管理方法：日出前通风 20～60 分钟排除废气和湿气，然后闭棚使气温迅速提高至 25℃ 以上，结合通风使棚温保持 25～28℃。滴灌棚和地膜棚还应注意保持棚内湿度，避免高温灼伤。下午加大通风量，使棚温由 25℃ 左右降至 18～20℃。外界最低气温高于 15℃ 时可整夜通风，阴天光照较弱时需全天通风，并注意防雨水溅入棚室内。浇水宜在清晨和上午进行，浇水后需闷棚升温使棚温达 32℃以上，保持 1 小时后通风，若 2 小时后棚温降至 25℃以下可再次闷棚升温，然后加强通风排湿。在这个阶段，由于空气湿度大，施肥量远远不够，必须进行叶面喷肥，特别是连续阴雨天，可结合喷药叶面喷施 0.5% 尿素溶液或 0.3% 磷酸二氢钾溶液。

（3）**低温期** 10 月中旬后，外界气温逐渐降低，应逐渐减少通风量，白天温度保持 25℃左右、夜间 15℃左右，低于 13℃时夜间不留通风口。一般 10 月 15 日前浇最后 1 次肥水，浇后及时中耕。此阶段特别要注意初霜和寒流的侵袭，修补棚膜，压严底风口，清洁棚膜，及时扣上两边的裙膜，夜间在大棚四周围盖草苫。

5. 肥水管理 秋延后黄瓜定植后，表土见干见湿时浇 1 次缓苗水，结果前以控为主，要求少浇水。根瓜坐住后由开始的每 5～7 天浇 1 次水，随气温降低逐渐延长至每 7～10 天浇 1 次水，后期闭棚保温一般不再浇水。结果前期以控为主，少浇水不追肥，适当蹲苗。进入结瓜盛期肥水供应要充足，每采收 1～2 次追施 1 次速效肥，一般追肥 2～3 次，每次每亩施尿素 8～10 千克，或三元复合肥 20 千克，或磷酸二铵 15～20 千克，或腐熟稀人粪尿 500～750 千克。注意化肥与有机肥交替施用，并减少氮肥用量，适当增施磷、钾肥。

6. 中耕培土和植株调整 从定植到坐瓜，一般中耕松土 3 次，使土壤疏松透气。根瓜坐住后不再中耕。盛瓜期及生育后期应适当培土。

秋延后大棚黄瓜生长前期气温高，光照充足，植株生长较旺，应及时吊绳绑蔓和整枝。绑蔓时注意"龙头"取齐，方向一致。基部 5 节以下有侧枝的可以全部摘除，保留中上部侧蔓，在侧蔓上留 1 个瓜，瓜上留 2 片叶摘心，没有雌花的侧蔓全部打掉。结合绑蔓摘除雄花和卷须。当植株长到 25 片叶、接近棚顶时打顶摘心，促进侧枝萌发，培育回头瓜。生长后期适当打掉底部老叶、病叶、黄叶，并及时落蔓。

7. 采收　根瓜应尽早采收，防止坠秧。结瓜前期，露地黄瓜上市量较大，价格较低，应尽量早采收，保持植株长势。在结瓜盛期，每 1～2 天采收 1 次。结瓜后期，天气转冷，温度低、光照弱，产量降低，但随着露地黄瓜的断市，秋延后黄瓜价格逐渐提高，所以应逐渐延迟采收，发挥延后栽培的优势，提高经济效益。

（五）大棚水果型黄瓜早春栽培

水果型黄瓜又叫迷你黄瓜、小乳瓜。瓜条小、顺直，表面光滑微有棱，口感脆嫩，瓜味浓郁，不含苦味，是一种高档的水果型蔬菜。

1. 育苗　育苗时采用精量播种，可采用穴盘或营养钵育苗。选用通气良好、保温保肥、渗水和保水能力强的基质，如草炭、蛭石、珍珠岩等。播种后用 72.2% 霜霉威水剂 600～800 倍液灌根，可有效预防黄瓜苗期猝倒病的发生。水果型黄瓜对温度要求很高，发芽适温为 24～26℃，一般播种后 4 天出苗。出苗后，白天温度保持 23～25℃、夜间 15～18℃。幼苗达到 3 叶 1 心、苗龄 30 天左右时即可定植。

2. 整地定植　定植前要精细整地，一般结合整地每亩施充分腐熟鸡粪 10 米^3、三元复合肥 50 千克、过磷酸钙 100 千克、钾肥 15 千克，撒匀后用旋耕机深翻 30 厘米。整平耙细，做小高垄，采用大小行定植，大行距 90 厘米、小行距 60 厘米，铺银灰色地膜，有条件的可安装滴灌设施。每亩栽植 2 500 株左右。定植后立即浇稳苗水，使幼苗土坨与畦土密切结合，以利于根系向周围发展。最好在晴天的上午定植。

3. 田间管理
（1）肥水管理　采用小水勤浇，保证水分均衡供应，忌大水漫灌。定植 1 周后浇缓苗水，促进发棵，之后每周浇 1 次水。采瓜初期视天气情况每 3～4 天浇 1 次水，每 7～8 天追 1 次肥，每次每亩施三元复合肥 15 千克。进入盛果期，气温也逐渐升高，植株蒸腾作用加强，可每天浇 1 次水，并叶面喷施 0.3% 磷酸二氢钾或 0.1% 尿素溶液。到结果后期还应加大氮、钾肥用量，可结合浇水每亩施三元复合肥 20～30 千克、尿素 20 千克。

（2）**温度管理** 白天棚温保持 24～30℃，夜间应尽量保持在 16℃ 以上，不可低于 10℃。随着外界气温的升高应及时通风，尤其是夜间温度若高于 18℃ 时要加大通风量，使棚内保持明显的昼夜温差，一般昼夜温差达到 10℃ 以上有助于壮秧增产。

（3）**整枝、吊蔓** 水果型黄瓜早期应去掉 1～5 节位的幼瓜，从第六节开始留瓜。在植株长有 6 片真叶、卷须出现时即可吊蔓，一般用尼龙绳吊蔓。水果型黄瓜植株生长势强，需每 3 天进行 1 次缠蔓，吊蔓和缠蔓的同时去掉下部的侧枝和老叶，摘掉雄花和卷须，操作时注意不要伤及叶片，并将叶片摆布均匀，防止相互遮阴。在生长中后期要及时去掉下部的老叶、黄叶及病叶。落蔓可调整为"S"形，不用刻意盘蔓，只需记住第一次落蔓时统一朝左倒，那么下一次落蔓时则统一朝右倒，这样久而久之，落几次蔓后茎秆就自然而然成为"S"形。

4. 采收 水果型黄瓜生长迅速，应及时采收上市，采收过迟则瓜条粗大、品质较差。一般雌花开放后 6～10 天，瓜条长 15～18 厘米、横径 2～3 厘米，即可带 1 厘米长的瓜柄采收，采后分级、包装上市。一般每亩产量 5 000～6 000 千克，最高可达 15 000 千克。

（六）日光温室黄瓜冬春茬栽培

在我国北方地区采用日光温室，秋季播种，冬季开始采收，直到翌年春末夏初结束的这茬黄瓜称为越冬茬或越冬一大茬，习惯称之为冬春茬。一般在 9 月下旬至 10 月上旬播种育苗，10 月下旬至11月上旬定植，翌年1月份开始采收，春末夏初结束生产。

1. 定植前准备和定植　定植前10～15天扣膜升温，清除前茬地面残留物，深翻土壤30～35厘米，晾晒1周。结合整地每亩施充分腐熟有机肥7 500千克、磷酸二铵50千克、草木灰150千克、饼肥150千克。耕翻后浇透水，待土壤表层干结时耕翻耙平，然后南北向做畦，大行距60～65厘米，小行距35～40厘米，全畦面和畦沟均覆盖地膜，接缝留在畦沟处。定植前1～3天挖好定植穴，温室前部株距25厘米、中部株距27厘米、后部株距30厘米，每畦种2行，每亩定植3 000～3 500株。

在10厘米地温稳定在12℃以上时定植，选用苗龄30～35天，具4～5片真叶、叶片肥厚、叶色浓绿、节间短、根系发达的幼苗。定植时保证幼苗营养土块与畦面相平，嫁接苗的嫁接口距地面2～3厘米及以上，先覆半穴土，浇水稳苗，然后再次覆土。定植后白天温度保持25～30℃、夜间18～20℃。

2. 田间管理

（1）缓苗期管理　从定植到长出第一片新叶为缓苗期，一般需要10天左右。浇足定植水，定植后一般不浇水、不追肥，3天内不通风，地温保持25℃，白天气温保持28～32℃、夜间20～25℃，空气相对湿度保持90%～95%；若遇晴朗天气，中午前后盖草苫遮阴，防止秧苗萎蔫。3天后，若中午前后棚内气温超过35℃，开天窗通风降温至32℃，并逐渐降低夜温，使夜温不高于18℃。

（2）结瓜初期管理　黄瓜定植后长出第一片新叶到第一雌花开放或坐住瓜这一时期是温室黄瓜管理中技术性最强、最重要的时期，历时30～35天。管理上主要是协调好光照、温度、水分这三者之间的关系。通过调节揭盖草苫的时间，争取每天8～10小时的光照；勤擦拭棚膜除尘，增加棚膜透光性；还可以在温室内挂镀铝反光幕，增加反射光照。通过覆盖保温和通风降温措施，使室温白天控制在24～28℃、夜间14～18℃，昼夜温差保持 10～12℃。冬季室内温度达到适温上限时，可将后立柱上面的薄膜间隔扒开小缝进行通风换气。随着天气转冷，通风量要逐渐减少，深冬时一般不通风，若晴天棚温超过 30℃，可在中午前后进行短时间通风。

寒流和阴雪天气来到时要闭棚保温，夜间整体加盖草苫。后墙和山墙达不到厚度的，可在墙外加护草保温。夜间降雪，白天阴天，应及时扫除棚室上的积雪，适时拉开草苫，争取棚室内有散光照或弱光。不良天气过后逐渐通风，注意引蔓上吊架，增强植株间的通透性，尽量不要喷药，以免增加湿度。

（3）**结瓜中期管理**　这段时期是营养生长与生殖生长都非常旺盛的时期，叶面积大，光合作用强。管理的重点是提供充足的肥水，同时加强病虫害防治。

①光照管理　适时揭盖草苫，尽可能延长光照时间。及时落蔓、吊蔓、调蔓和去除老叶，以改善植株间透光条件，即使阴雪天气，白天也应尽可能揭盖草苫争取光照。

②温度管理　深冬晴天中午前后温度保持 20～30℃，夜间温度保持 16～14℃，最低 8～10℃。阴、雪天气棚室温度中午前后保持 20～22℃，夜温保持 12～16℃，短时间最低温度 8℃。

③肥水管理　在施足基肥的情况下，定植后至根瓜采收前一般不追肥，可根据植株长势叶面喷施磷酸二氢钾等叶面肥。在第一次采收后随水冲施化肥，浇水间隔期为 10～15 天，隔 1 次水冲施 1 次化肥，每次每亩冲施尿素和磷酸二氢钾各 5～6 千克。结瓜盛期，每 7～8 天浇 1 次水，每次每亩随水冲施三元复合肥 10～15 千克。还可在每个晴天的上午 9～11 时增施二氧化碳气肥。是否浇水要根据土壤墒情、植株长势确定，一般晴天上午浇水，阴天不浇，最好采用地膜下浇暗水，不浇明水。

④其他管理　当嫁接苗长到 30 厘米高时用绳子吊蔓，以后及时绕蔓并摘掉卷须，一般 7～8 节以下不留瓜，以促进植株生长健壮。及时采摘根瓜，防止根瓜坠秧。当植株长到 2 米左右

时，及时摘除下部老叶、黄叶、病叶，然后落蔓，落蔓后植株高度保持在 1.7～2 米，每株功能叶保持在 25 片左右，同时避免或减少连续节间坐瓜而导致化瓜。注意观察植株的长势，把病虫害消灭在发病初期。

（4）结瓜后期管理　该期管理重点是防止营养生长衰弱，延长结瓜期，增加后期产量，保证黄瓜品质。

3 月份至 5 月中旬，中午前后室温控制在 28～32℃、下午 24～28℃、夜间 14～18℃，室内通风由中午前后通风到全天通风。5 月中旬以后揭去草苫，撩起前窗棚膜或大开天窗全天通风，使棚温基本上与外界气温相同。

结瓜后期植株长势减弱，根系吸收能力降低，在肥水供应上采取少量多次、地面冲施与叶面喷施结合，一般每 7～8 天浇水追肥 1 次，以追施氮、钾肥为主，可喷施含有氨基酸和多种微量元素的叶面肥，每次施肥量为中期施肥量的 1/2。

3. 日光温室二氧化碳施肥技术　黄瓜生长旺盛期需要大量的二氧化碳进行光合作用，日光温室相对密闭，经多地试验，补施二氧化碳气肥可以提高黄瓜产量和品质。补充二氧化碳的方法很多，如燃烧液化石油气、盐酸石灰石法、硝酸石灰石法等，目前较实用的方法有秸秆生物反应堆技术和碳酸氢铵与硫酸反应技术。

（1）温室秸秆生物反应堆技术应用　秸秆生物反应堆建造一般在定植前 20 天进行。每亩温室需用秸秆 4 500 千克（玉米秸秆、小麦秸、树叶、向日葵秆均可使用），牛、马、羊等食草动物粪便 4～5 米³，饼肥 100～150 千克，生物菌种 8～10 千克。

菌种使用前先进行处理，1 千克菌种加麦麸 20 千克、水 18 升，三者混匀后用手握成团一松即散时进行堆积，注意不要见光，一般堆积 4～5 个小时即可使用。

定植前 20 天在小行（种植行）开沟，沟宽 60～80 厘米，沟深 20 厘米，沟长与行长相等。起土时分放两边，填入秸秆并铺匀踏实，其厚度 20 厘米左右，沟两头各露出 10 厘米秸秆茬不压土，以便进气。填完秸秆后，按每沟所需菌种量将菌种均匀撒在秸秆上，用铁锹震拍一遍，把起土回填于秸秆上并整平起垄。大行也用同样方法制作，覆土厚度15厘米，然后浇水湿透秸秆。3天后在垄面上用12#钢筋打3行孔，孔距30厘米，孔深穿透秸秆层。以后每隔30～40天浇水1次，同时打孔。

使用秸秆反应堆技术禁止在土壤中施用化肥和杀菌剂，否则会降低菌种活性；一般不覆盖地膜，以免阻碍二氧化碳气肥释放及氧气的进入。

（2）碳酸氢铵与硫酸反应技术 使用前需将93%～98%工业浓硫酸与水按体积比1：3稀释，方法是先将3份水放入敞口塑料桶内（禁用金属容器），再将1份浓硫酸沿桶壁缓慢倒入水中，随倒随搅拌，自然冷却后备用。使用时先称取2/3定量的碳酸氢铵放入较大塑料容器内，将稀硫酸分次加入，经反应产生出的二氧化碳直接扩散到棚内。剩余的碳酸氢铵要徐徐加入，注意观察是否产生气泡，若产生气泡需要酌量加入碳酸氢铵，直到不产生气泡为止。反应完毕后的废液加水50倍以上直接可作追肥用。一般每40～50米^{2}设置1个简易装置，按100米^{3}空间计算，需用碳酸氢铵350克、浓硫酸110克。

黄瓜生育期均可施用二氧化碳气肥，但以果实迅速膨大期施用效果最好。生产中应同时加强肥水管理，提升温度1～2℃，以提高二氧化碳施用效果。二氧化碳最佳施肥时间应在日出后不久进行，11月份至翌年1月份为上午9时，2月份为上午8时，3～4月份为上午7时。当棚温较高，需要通风降温时在通风前1小时停止施用二氧化碳，遇寒流、阴雨天，因气温低、光照弱，光合效率低，一般不施用二氧化碳。

（七）黄瓜春季露地栽培

1. 整地定植 当年春季土壤解冻后、定植苗前10～15天深翻并施足基肥，一般每亩施优质腐熟圈肥5 000千克、饼肥100

千克、三元复合肥40千克或过磷酸钙40～50千克。耙平地面，做灌水渠、排水沟、畦垄，采用垄宽80～90厘米、沟宽50～60厘米、高15～20厘米的半高畦，在畦垄中央位置开10～15厘米的沟，每亩沟施腐熟饼肥200～300千克，施肥后盖土。畦垄做好后，用1米宽的黑色地膜覆盖。终霜后，10厘米地温稳定在12℃以上，最好是15℃以上时定植。每畦定植2行，株距23～25厘米，每亩定植3 000～4 000株。定植深度，以保持幼苗土坨与畦面相平为宜。

2. 田间管理

（1）定植后管理 定植4～5天后，浇1次缓苗水，如土壤湿度较大可不浇或晚浇。根瓜坐住、瓜条明显见长时，及时浇水或稀粪水，促进根瓜和瓜秧的生长。黄瓜苗定植后，应尽早搭架，可用2米长竹竿搭"人"字架。

（2）整枝绑蔓 根瓜以下的分枝及卷须应及时清除，根瓜以上的分枝见瓜后留1～2片叶打侧顶，卷须及多余的雄花也需及时清除。主蔓生长到架顶、一般20～25片叶时打掉主蔓顶，以后就任其自由生长至拉秧。主蔓下黄叶也需及时摘除。株高25～30厘米时开始绑蔓，以后每长出3～4片叶结合整枝绑1次蔓。绑蔓时，要把"龙头"摆在同一水平，以利生长整齐，叶片受光均匀。

（3）肥水管理 根瓜收获时开始加大供水量，一般每5～7天浇1次水，进入结瓜盛期需每3～5天浇1次水，结瓜后期适当减少浇水量。浇1次清水，再浇施1次加肥水，每次每亩随水冲施硫酸铵10～15千克或尿素5～10千克。

另外，生产中还应注意及时清除杂草，雨多时及时排水，加强病虫害防治。

（八）黄瓜夏秋季露地栽培

1. 整地种植 黄瓜夏秋季露地栽培可采用直播方式，可在7月中旬至8月初播种，最迟立秋前播种完毕。结合整地每亩施草木灰 50 千克、过磷酸钙 50 千克、腐熟圈肥 4 000～5 000 千克，耕地不宜过深，以 15 厘米左右为宜，以免深耕积水受涝。以高畦栽培为主，畦高 20 厘米，畦面宽 70 厘米，畦间沟宽 50 厘米，在畦中间开深 15 厘米左右的小沟。

播前 2～3 天浇足底水，待水渗下干湿适宜时将种子播于小沟内侧，开穴点播，每穴 2～3 粒种子，株距 25 厘米，播后覆土 2～3 厘米厚。播种前用清水浸种，浸湿透后再用 10% 磷酸钠溶液浸种 20 分钟，用清水冲洗后播种。一般播种后 4～5 天齐苗，1～2 片真叶时间苗，间出弱苗、病虫苗及畸形苗。4～5 片真叶时，选留壮苗，按 20～25 厘米株距定苗，每亩留苗 5 000～6 000 株。幼苗 1.5～3 片叶时喷施 150 毫克 / 千克乙烯利溶液，以降低雌花节位。

如果采用育苗移栽方式，其苗龄不宜过长，幼苗具 1 片真叶时即可移栽。

2. 搭架与整枝绑蔓 植株开始抽蔓时插架，用 2 米以上的竹竿或枝条搭成"人"字形花架。整枝时保留主蔓，到架顶时掐顶。主蔓基部 50 厘米以下的侧枝、老叶、病叶、卷须全部清除，以利于通风透光；中上部的侧枝可在出现雌花后留 1～2 片叶摘心。同时，要注意及时绑蔓，约 50 厘米绑蔓 1 次。

3. 中耕除草与排水防涝 夏秋季黄瓜结瓜前期，由于雨水较多，土壤容易水渍板结，影响根系发育，应注意中耕除草。出苗后及时浅中耕，促幼苗发根，防止徒长。结瓜前需中耕多次，重点在于除草。中耕不要太深，一般第一次中耕深 3～5 厘米，第二次深 5～10 厘米，结瓜期停止中耕。雨后注意立即排出田间积水，以防沤根。

4. 肥水管理 浇水宜小水勤浇，追肥宜勤追少追。间苗后随水追施提苗肥，每亩可追施尿素 4～5 千克。根瓜采收前控制浇水，盛瓜期每隔 3～4 天浇 1 次水。抽蔓期、开花结果期重施磷、钾肥，每次每亩可随水冲施磷、钾肥 20～25 千克。处暑后天气转凉，可叶面喷施 0.2% 磷酸二氢钾或 0.1% 硼酸溶液，以防化瓜。

5. 采收 夏秋黄瓜一般播后 40 天左右开始收获。根瓜要早收，以防坠秧。当进入结瓜盛期，从瓜条坐住至采收需 2～3 天。

6. 病虫害防治 夏秋黄瓜病虫害较多，主要有白粉病、细菌性角斑病、炭疽病、病毒病、霜霉病、守瓜、斑潜蝇、蓟马、螨类、蚜虫等，要加强防治。

（九）病虫害防治

1. 生理性病害

（1）花打顶 就是在黄瓜苗期至结瓜初期植株顶端不形成心叶而是出现花抱头现象。生长点形成雌花和雄花的花簇，植株停止生长，影响黄瓜产量和品质。干旱、肥害、低温及伤根是黄瓜花打顶的主要原因。

防治方法：生产中可根据发生原因采取相应措施。同时，可通过摘除雌花、叶面喷施 0.2% 磷酸二氢钾溶液或 20 毫克 / 千克青霉素溶液，促进营养生长。

（2）化瓜 正常化瓜是植株本身自我调节的结果，若坐瓜很少、雌花又大量化掉，则为一种生理性病害。营养不足、温度低、光照少是化瓜的主要原因。

防治方法：生产上可采取增加浇水与施肥量、叶面喷肥、增强光照、调控棚室温度等措施减少化瓜。定植时在行间铺玉米秸秆提高地温，可防止因低温化瓜。结果期叶面喷施 1% 磷酸二氢钾 ＋0.4% 葡萄糖 ＋0.4% 尿素混合液，可促进瓜条生长，防止化瓜。既要按采收标准及时采收，又要注意在植株上保留至少 1 条旺盛生长的瓜条，使营养生长与生殖生长协调发展，防止化瓜。

（3）畸形瓜 畸形瓜是黄瓜果实不同部位膨大速度不一致造成的。

①尖嘴瓜 某些单性结实品种，开花期如果温度过低，易出

现授粉困难而造成尖嘴瓜。同时，土壤湿度过大、植株生长衰弱也会出现尖嘴瓜。可在开花初期采取人工授粉或放蜂促进授粉受精。植株生长衰弱，应及时追施氮肥。

②大肚瓜　产生大肚瓜的原因及相应措施：一是受精不完全。应创造良好的授粉条件。二是养分供应不均衡。植株缺钾而氮肥过量，应增施钾肥、草木灰等，或用 0.3% 磷酸二氢钾溶液叶面喷施。三是结瓜前期干旱，后期水分充足。应注意均衡供水。

③蜂腰瓜　这是由黄瓜授粉受精不完全造成的。水分养分适宜时受精产生种子，水分养分供应失调时不能受精，也就没有了种子。有种子处发育正常，没有种子处发育不好，就会形成蜂腰瓜。生产中应加强营养，特别是坐瓜期要加大肥水供应，保证瓜条有充足的养分积累。

④弯曲瓜　瓜条长的品种易形成弯曲瓜，严重时失去商品价值。多与营养不良、植株细弱有关，尤其是在高温或昼夜温差过大、过小及光照少的条件下易发生；结瓜前期水分供应正常，后期不足，或病虫危害，均可形成弯曲瓜。生产中应加强管理。

（4）泡泡病　黄瓜生长期间，叶片和叶脉之间的叶肉隆起，似"蛤蟆皮"，有时在隆起泡泡的顶部出现水渍状斑点，几天后呈现白色小斑点，不久叶片过早老化。泡泡病的原因是夜间温度过低，叶片光合作用制造的有机物质难于外运。生产中应注意提高夜温，尤其是前半夜的温度。

（5）叶灼病　一般植株中上部叶片受害，叶面上出现白色小斑块，形状不规则或呈多角形，轻的仅叶边缘烧焦，重的致半片叶乃至全叶烧伤。棚室空气相对湿度低于 80%，遇有 40℃ 左右高温时，就会对黄瓜造成高温伤害。

防治方法：一是加强棚室管理，温度超过 35℃ 立即通风降温，或放草苫遮阴降温。二是在高温闷棚时严格掌握闷棚时间和温度，如果土壤湿度小可在闷棚前 1 天浇水。

2. 侵染性病害

（1）**猝倒病** 俗称掉苗、卡脖子、小脚瘟等，是早春季节黄瓜育苗时经常发生的一种苗期病害。出土不久的幼苗最易发病，病后常造成幼苗成片倒伏、死亡，重者甚至毁床。育苗期出现低温、高湿条件，利于发病。

防治方法：发病初期，立即拔除病株，并用72.2% 霜霉威水剂500～800倍液，或12% 松脂酸铜乳油600倍液，或80%代森锰锌可湿性粉剂600倍液，每7天喷1次，连喷2～3次。对成片死苗的地方，可用55% 甲霜灵可湿性粉剂350倍液，或97% 噁霉灵可湿性粉剂3 000～4 000倍液灌根，每7天1次，连续灌根2～3次。

（2）**立枯病** 主要危害秧苗茎基部，多在床温较高或育苗中后期发生，危害幼苗及大苗。初期出现椭圆形或不规则形暗褐色病斑，有的病苗白天萎蔫、夜间恢复，病斑逐渐凹陷。湿度大时可见淡褐色蛛丝霉，但不显著。病斑扩大后可绕茎一周，甚至木质部外露，最后病部收缩干枯，叶片萎蔫不能恢复原状，幼苗干枯死亡。地下根部皮层变褐色或腐烂，但不易折倒。温暖多湿、播种过密、浇水过多，造成苗床闷湿，不利幼苗生长，易发病。

防治方法：播种时每平方米苗床用50% 多菌灵可湿性粉剂10克，拌细土12～15千克，做成药土，下铺上盖。发病后喷洒铜铵合剂（用硫酸铜和碳酸氢铵按1∶5.5的比例，研成细末，混匀密闭24小时）400倍液，或20% 甲基立枯磷乳油1 200倍液，或72.2% 霜霉威水剂400倍液。湿度过大可用干土或草木灰吸湿。

（3）**灰霉病** 主要危害黄瓜花、幼果、叶片及茎部。花发病初期，呈水渍状，继而腐烂，并密生霉层，引起落花。幼果患病先从脐部开始，病部呈水渍状后变黄产生灰色霉层，当病花或病果落在正常叶片或接触到健叶和幼果时，便引起发病。叶片受害时，边缘产生明显的大型病斑，呈圆形或不规则形。茎部发病则引起茎腐，严重时植株折断枯死。气温低而湿度较大时，灰霉病发生严重，是棚室黄瓜的重要病害。

防治方法：棚温尽量提高至25～30℃，阴天不浇水，提倡膜下灌小水，晴天揭棚散湿。发病后及时摘除病瓜，带出棚外深埋，拉秧后烧毁病残体。发病初期交替选用50%腐霉利可湿性粉剂1500倍液，或65%甲硫·乙霉威可湿性粉剂1000倍液，或50%甲基硫菌灵可湿性粉剂500溶液喷雾，每7天喷1次，连喷2～3次。还可每亩用45%百菌清烟剂250克熏烟，或用5%百菌清粉尘剂1千克喷粉，每10天左右用药1次，连续用药2～3次。

（4）**霜霉病**　幼苗发病子叶出现不规则的黄化现象，真叶期发病多半在叶缘或叶的局部出现黄绿色水渍状小斑，很快变成黄色大斑。成株期主要危害叶片，偶尔也危害茎、花梗。发病初期叶片正面出现黄色小斑点，扩大时受叶脉限制而形成多角形淡褐色病斑；叶片背面产生紫灰色霉层。严重时由于病斑数目多、扩展快、病斑相互融合，造成叶片提早焦枯死亡。空气湿度大、昼夜温差大时发病严重。

防治方法：一是高温闷棚。闷棚前1天用72%琥铜·甲霜灵可湿性粉剂800倍液喷雾并浇水。第二天上午逐步密闭温室，使黄瓜生长点温度稳定在45℃达到半小时，然后慢慢降温。1～2天后肥水紧促，并摘除干黄叶、病叶。闷棚1次，可控制10天病情，以后视病情酌情进行。二是药剂防治。每亩用45%百菌清烟剂200～250克，放4～5处，点燃熏1夜，每7天1次，连续用药2～3次。也可每亩用5%百菌清粉尘剂1千克喷粉，每9～11天喷1次，连续用药2～3次。还可在发病初喷洒75%百菌清可湿性粉剂600倍液，或25%甲霜灵可湿性粉剂750倍液。

（5）**细菌性角斑病**　叶片和果实均可受害，子叶受害后呈水渍状近圆形凹斑，渐变为黄褐色。真叶感病后呈淡绿色水渍状斑点，后受叶脉限制形成多角形黄斑，潮湿时病斑周围一圈呈水渍状，并产生菌脓。干燥时病斑枯裂穿孔。低温高湿或潮湿多雨是发病的主要条件。

防治方法：播种育苗时进行种子消毒。发病初期及时喷药，可用90%新植霉素可溶性粉剂4000倍液，或高锰酸钾800～1000倍液，每7～10天喷1次，连喷2～3次。

（6）**白粉病**　植株地上各部分均可受害，以叶、蔓受害为主。初期叶片两面出现白色近圆形小粉斑，后扩展成边缘不明显的大片白粉区，最后病变组织变褐、干枯，严重时叶片枯萎。高温高湿和高温干旱是发病的主要条件。

防治方法：可选用70%甲基硫菌灵可湿性粉剂600～1000倍液，或40%氟硅唑乳油8000～10000倍液喷施。注意棚室黄瓜不能使用三唑酮药剂，以免发生药害。

（7）**枯萎病**　受害植株萎蔫，开始早、晚恢复正常，数天后萎蔫严重，不能恢复，最后萎蔫枯死。潮湿时，有的病株茎基部半边纵裂，有树脂状胶质流出，或有粉红色霉状物。

防治方法：发病初期用高锰酸钾1000倍液或50%多菌灵可湿性粉剂400倍液灌根，每株灌药液200～250毫升，每7～10天1次，连续用药2～3次。

（8）**疫病**　主要危害黄瓜茎基部、叶片及果实。幼苗受害多从嫩尖染病，初为暗绿色水渍状萎蔫腐烂，病部明显缢缩，病部以上的叶片渐渐枯萎，造成干枯秃尖。叶片发病出现圆形暗绿色水渍状病斑，潮湿时病斑很快扩展成大斑，边缘不明显，全叶腐烂。成株期发病，多从嫩枝、侧枝茎基部发病，病部为水渍状暗绿色，明显缢缩并腐烂，病部以上茎叶枯死，病茎维管束不变色。高温高湿利于病害发生，重茬地、连阴雨天、浇水过勤、湿度大、排水不良、土质黏重、施用未腐熟有机肥等均易引起该病的发生。

防治方法：发病初期可选用64%噁霜·锰锌可湿性粉剂500～600倍液，或90%三乙膦酸铝可湿性粉剂700～800倍液喷雾。也可用 25% 甲霜灵可湿性粉剂 + 40% 福美双可湿性粉剂（1：1）800 倍液灌根，每株灌药液 250 毫升，每 10～15 天灌根 1 次，连灌 3～4 次。

（9）**黑星病** 黄瓜全生育期均可发病，叶、茎、瓜均可受害。幼苗发病时子叶出现黄白色近圆形病斑，幼苗停止生长，严重时心叶枯萎，全株死亡。叶片发病，初为湿润状淡黄色圆形斑，后病斑易呈星状开裂穿孔。叶柄、瓜蔓及瓜柄受害，出现淡黄褐色大小不等的长梭形病斑，其中间开裂下陷，病部可见白色分泌物，后变成琥珀色胶状物，潮湿时病斑上长出灰黑色霉层。重茬地、通风透光不良、连阴雨天多发且病重。

防治方法：播种前对种子进行消毒处理。发病初期可选用 40% 氟硅唑乳油 8 000 倍液，或 75% 百菌清可湿性粉剂 600 倍液喷雾。也可每亩用 45% 百菌清烟剂 250 克熏烟。每 5～7 天用药 1 次，连续防治 3～4 次。

（10）**菌核病** 主要危害黄瓜茎和果实，多发生在茎基部和主、侧枝分杈处。初期产生淡绿色水渍状病斑，扩大后呈淡褐色，病部表面着生白色菌丝，茎秆内部生有黑色菌核，病部以上枝叶萎蔫枯死。果实染病多从瓜头发病，初呈水渍状腐烂，表面长满白色菌丝及黑色菌核。叶片发病为灰色至淡褐色圆形病斑，边缘不明显，病部湿腐、有稀疏的霉层。苗期发病幼茎基部出现水渍状病斑，并很快绕茎一周，造成幼苗猝倒。低温高湿有利于病害的发生与流行，大棚连作时间长、通风不及时、湿度大的地块发病重，通风早、通风量大、湿度小、光照足的地块发病轻。

防治方法：加强通风透光，防止温度偏低、湿度过大的现象出现。发病初期选用 50% 腐霉利可湿性粉剂 1 500 倍液，或 40% 菌核净可湿性粉剂 1 000 倍液喷施。也可每亩用 45% 百菌清烟剂 250 克熏烟。每 10 天用药 1 次，连续防治 3～4 次。

（11）**靶斑病** 在黄瓜生长中后期发生，主要危害叶片，严重时可蔓延至叶柄和茎蔓。初期为黄色水渍状斑点，扩展后病斑呈近圆形或稍不规则形，有时受叶脉限制呈多角形。病斑外围为黄褐色，中央为灰白色或灰褐色或淡黄色，病健部交界明显。中期病斑扩大为圆形或不规则形，易穿孔。后期病斑扩大，中央有一明显的眼状靶心。温暖、高湿有利于发病，黄瓜生长中后期高温高湿，或阴雨天较多、长时间闷棚、昼夜温差大均有利于发病。

防治方法：播前进行种子消毒，可用55℃温水浸种10～15分钟，或用50%多菌灵可湿性粉剂500倍液浸种1小时。黄瓜生长发育中期喷施75%百菌清可湿性粉剂600倍液预防。发病后可选用40%腈菌唑乳油3 000倍液，或43%戊唑醇悬浮剂3 000倍液，或50%腐霉利可湿性粉剂1 000倍液喷施防治，每7～10天喷1次，连喷2～3次。

3. 虫　害

（1）美洲斑潜蝇　成虫是长2～2.5毫米的蝇子，背黑色，吸食叶片汁液，造成近圆形刻点状凹陷。幼虫是无头蛆，乳白色至鹅黄色，在叶片的上下表皮之间蛀食，造成弯弯曲曲的隧道，隧道相互交叉，逐渐连成一片，导致叶片光合能力锐减，过早脱落或枯死。美洲斑潜蝇发生盛期为5月中旬至6月份和9月份至10月中旬。

防治方法：在成虫始盛期至盛末期，每亩均匀放置15张诱蝇纸诱杀成虫，每3～4天更换1次。在幼虫二龄前用2%阿维菌素乳油2 000倍液喷雾防治。

（2）白粉虱　又名小白蛾，全国各地均可发生。主要群集在黄瓜叶片背面，以刺吸式口器吮吸汁液，被害叶片褪绿变黄，植株长势衰弱、萎蔫。成虫和若虫分泌的蜜露，堆积在叶片和果实上，易发生煤污病，影响光合作用，降低果实商品性。白粉虱还可传播病毒病。

防治方法：一是黄板诱杀。利用白粉虱的趋黄性，每亩棚室吊挂黄板 30～40 块，板上涂上 10 号机油，诱杀成虫。黄板吊挂高度与植株高度相平，每隔 7～10 天涂 1 次机油。二是喷雾防治。可选用 10% 联苯菊酯乳油 3 000 倍液，或 20% 氰戊菊酯乳油 2 000 倍液，或高效氟氯氰菊酯乳油 3 000 倍液喷洒，每 7 天喷 1 次，连喷 3～4 次，交替用药，以免产生抗药性。喷药宜在早晨或傍晚进行。三是熏烟防治。傍晚密闭棚室，每亩用 80% 敌敌畏乳油 250 克掺锯末 2 千克熏烟。

（3）**蚜虫**　蚜虫的发生主要在苗期或生长后期。隐藏在叶片背面、嫩茎及生长点周围，以刺吸式口器吸食汁液，致使叶面向背面卷曲皱缩。

防治方法：一是黄板诱杀。利用蚜虫的趋黄性，在早春有翅蚜迁飞高峰期，棚室设置黄板诱杀有翅蚜。二是利用蚜虫忌避银灰色的特性，用银灰色薄膜铺地面驱避蚜虫，或在温室前沿及顶部通风口处，安装防虫网阻挡蚜虫进入棚内。三是选用 10% 吡虫啉可湿性粉剂 1 500 倍液，或 50% 抗蚜威可湿性粉剂 2 000 倍液喷雾防治。

（4）**根结线虫**　主要危害植株地下根部，多发生于侧根和须根上，形成结节状大小不等的瘤状物。地上部前期症状不明显，严重的遇高温出现萎蔫，以至枯死。

防治方法：一是农业防治。选择耐或抗线虫品种，采用嫁接育苗；与非寄主植物轮作或进行休闲处理；种植茼蒿和万寿菊等作物，通过根系分泌物抑制线虫；前茬收获后及时清除病残体，将病根晒干集中烧毁或进行高温堆肥，杀灭虫卵；在线虫活动初期适当大水灌溉，创造淹水条件抑制线虫。二是高温闷棚。夏季休闲季节利用秸秆发酵的高温，或秸秆－石灰氮太阳能进行消毒处理。方法是在休闲季 7 月初，每亩施石灰氮 60 千克、秸秆 600 千克耕翻施入土壤，挖沟起垄。用塑料薄膜将地表密封后进行膜下灌溉，将水灌至淹没土垄，然后密封大棚闷棚 15～20 天，定植前 7 天揭开薄膜散气。三是药剂防治。化学药剂对瓜类蔬菜会产生药害，只有在线虫严重发生时方可使用。定植前每亩用 1.5% 噻唑磷颗粒剂 1.5～2 千克，拌细土 40～50 千克，撒于土壤表面，翻耕深 20 厘米。也可每平方米用 1.8% 阿维菌素乳油 1～1.5 毫升，稀释成 2000～3000 倍液，全面喷施土表，再翻耕深 10～20 厘米，也可沟施或穴施。

二、西瓜栽培技术

（一）品种选择

1. 小型西瓜 适合春秋大棚、早春温室种植的小型西瓜品种有彩虹瓜之宝、玲珑瓜之宝 2 号、豫艺袖珍红宝、锦霞八号、豫艺黄肉京欣、美秀、京玲、京秀、小玉 8 号、甜宝小无籽、秀丽、丽兰、京阑、京颖、香秀、蜜童小型无籽、圣女红 2 号、早春红玉、丽兰、甜妞等。

2. 大中型西瓜 适合春秋大棚、早春温室种植的大中型西瓜品种有国豫二号、国豫三号、豫艺甜宝、国豫七号、新机遇、精品花冠 908、绿之秀、龙卷风、精品黑小宝、豫艺红娃娃、京欣 1 号、京欣 2 号、黄皮京欣 1 号、早抗丽佳、华欣、津花 2010、京欣 4 号、京欣 7 号、改良京美、改良京丽、京抗 1 号、中科 1 号、中科 6 号、郑抗 7 号、郑抗 8 号、汴宝、汴早露、豫艺早花香等。

3. 砧木品种 常用西瓜砧木品种有长瓠瓜、圆葫芦、相生、新土佐、勇士、圣砧二号、圣奥力克、青研砧木一号、京欣砧 1 号、京欣砧 2 号、京欣砧 3 号、京欣砧 4 号、京欣砧优、甬砧 1 号、甬砧 3 号、甬砧 5 号、超丰 F_1、金甲田、黄金搭档、庆发西瓜砧木 1 号等。另外，还可选用强刚 1 号、强刚 2 号、超抗王、丰抗 2 号、丰抗 4 号、早生西砧、长寿砧木、铁甲砧木王、洋全力、超人、特选新士佐等砧木品种。

（二）嫁接育苗

1. 嫁接前的准备

（1）选择适宜的嫁接场所　西瓜嫁接对场所有着严格的要求，嫁接场所要求白天气温保持 25～30℃、夜间 18～20℃，地温 22～25℃，空气相对湿度 90% 以上。同时，嫁接场所不能有光线直射，可以在棚膜上覆盖遮阳网，保持散射光照。

（2）嫁接用具　嫁接工具主要有刀片、竹签、嫁接夹、喷壶、清水、消毒药剂、木板、板凳等。育苗容器有营养钵和育苗盘，一般砧木播种在 50 孔穴盘中，西瓜播种在育苗平盘中。

2. 嫁接方法　一般采用插接法。砧木较西瓜接穗提前播种 7 天，当砧木苗子叶出土后，西瓜催芽播种，西瓜苗子叶展开即为嫁接适期。嫁接时先将砧木生长点去掉，以左手夹住砧木的子叶节，右手持小竹签在平行于子叶方向斜向插入，竹签暂不拔出。接着将西瓜苗在胚轴垂直于子叶方向下方约 1 厘米处斜削一刀，削面长 1～1.5 厘米，称大斜面；另一侧只需去掉一薄层表皮，称小斜面。拔出插在砧木内的竹签，立即将削好的西瓜接穗插入砧木，使大斜面向下与砧木插口斜面紧密相接。

3. 嫁接苗管理

①嫁接后秧苗不能接受阳光直射，苗床应遮阴。经 2～3 天后，可接受早、晚的弱直射光，之后逐步加大光照强度。7 天后只在中午遮光，10 天后全天不遮光。同时，还要注意避风。

②嫁接后要及时栽苗。嫁接时拔起的接穗，可短时间放置在 15℃ 左右的阴凉处，不宜超过半小时。批量嫁接时，最好有多人分工协作，边嫁接边栽植。

③刚嫁接后，白天温度保持 26～28℃、夜间 24～25℃。7 天后，增加通风时间和次数，适当降低温度，白天温度保持 23～24℃、夜间 18～20℃。定植前 7 天逐步进行秧苗锻炼，晴天白天可全部打开覆盖物，夜间仍需要覆盖保温。

④嫁接后应使接穗的水分蒸发控制到最低程度。砧木营养钵水分充足、密封，使空气相对湿度达 100% 的饱和状态。3～4 天后，在清晨和傍晚适当通风，以减少病害的发生。之后逐渐加大通气量，10 天后恢复到一般苗管理。

⑤及时抹除砧木子叶间长出的腋芽，操作时不可伤及砧木子叶。另外，注意防病治病。

4. 嫁接苗定植应注意的问题

①不能栽植过深，以免接口接触土壤而产生自生根，感染枯萎病，失去嫁接作用。

②西瓜嫁接栽培不能埋土压蔓，一般采用畦面铺草的方法固定瓜蔓，尽量避免瓜蔓与土壤接触。

③要及时除掉砧木萌芽，减少养分消耗。

④西瓜砧木一般具有很强的吸肥能力，西瓜嫁接栽培适当减少基肥，既可防止徒长，又能降低成本。

（三）西瓜春季露地栽培

1. 播种期及品种选择

（1）**播种期**　10 厘米地温稳定在 15℃左右时为露地播种适期。

（2）**品种选择**　选择适应性和抗逆性强、高产优质、耐贮运的品种，如新红宝、齐红、国豫七号、豫艺甜宝、绿之秀、豫星甜王、豫艺 360 等。

2. 种子处理

（1）**晒种**　置阳光下晒 2 个中午，以提高种子发芽能力。

（2）**浸种**　把晒过的种子在 55～55℃温水中浸泡 10～15 分钟，期间不断搅拌，水温降至 20～25℃时浸种 8～12 小时，然后捞出用毛巾或湿布将种子包好搓去种皮上的黏膜。再用 70% 甲硫·福美双可湿性粉剂 800 倍液浸 4 个小时，可防枯萎病。

（3）**催芽**　把浸种处理的种子平放在湿毛巾上，种子上面再盖上一层湿毛巾，放在 33℃恒温条件下催芽，若 24 小时不出芽应用清水再次投洗。

3. 播前准备

（1）**选地**　栽培西瓜要选土壤疏松、透气性好、能排水、便于运输的地块。西瓜地不能连作，一般要 5～6 年轮作 1 次，否则枯萎病严重。

（2）**整地**　华北、东北等地一般多做宽 1.8～2 米、高 10～15 厘米的平畦，南方地区做宽 2～4.5 米、高 20～30 厘米的高畦，播种或定植前浇透水。

（3）**施肥**　基肥以腐熟有机肥为主，一般每亩施厩肥 3 000千克、豆饼肥 100 千克、过磷酸钙 60 千克。其中 1/3 结合早春耕地撒施翻入土中，2/3 于播种前或定植前 15～20 天集中施于播种畦。

4. 播种要点　西瓜地膜覆盖栽培，可先播种后覆膜，也可先覆膜后播种。

（1）**先播种后覆膜**　在整好的畦面刨大坑，坑中间播种，覆土 2 厘米并保留 10 厘米深的小坑，然后覆膜，使每个小坑成为一个简易的"小温室"。这种覆膜方法是早春地温较低时，为了抢早上市而进行的早熟栽培，也是干旱地区抗旱保苗时常使用的方法。优点是抢早播种、早发苗、早成熟、早上市，缺点是瓜苗易徒长、通风不及时会使瓜苗烤死、保苗率低。

（2）**先覆膜后播种**　为了提高地温，提前把地膜覆好，待10 厘米地温升至 15℃以上时，用直径 5 厘米的铁筒在膜上打孔播种。播种时间为终霜（春天最后 1 次霜）结束前 7 天，覆土时不能用湿土，否则会出现"硬盖"（板结）现象。此法覆膜简便易行，保苗率高。

5. 合理密植　西瓜属于喜光性作物，种植过稀则地力浪费，漏光损失严重。适宜密度为行距 1.4 米、株距 0.7 米，间作套种时行距可加大至 1.8～2 米。

6. 田间管理

（1）**施肥**　做到"足、精、巧"，即基肥要足，种肥要精，追肥要巧。

①基肥要足　每亩产量 5 000 千克的瓜田，要求亩施腐熟农家肥 5 000 千克、三元复合肥 15 千克、硫酸钾 10 千克、饼肥 50 千克、过磷酸钙 25 千克，采取整地时普施和做畦时开沟集中施肥的方法。

②种肥要精　育苗营养土可采用：60% 风化后打碎过筛的稻田泥土、40% 腐熟过筛的猪牛粪渣，加 0.2% 颗粒复合肥（注意粉碎），三者混合均匀装钵。

③追肥要巧　第一次追肥在团棵期（5 叶期），目的是促进植株生长，迅速伸蔓，扩大同化面积，为花芽分化奠定物质基础，要求亩追施三元复合肥 10 千克。第二次追肥是在落花后 7 天，目的是促进果实膨大，要求每亩施尿素 15 千克、钾肥 15 千克。第三次追肥在第二次追肥后 7 天进行，每亩施尿素 10 千克、钾肥 10 千克。

（2）**浇水**　西瓜属于耐旱性作物，耐旱、不耐湿，生长发育需要适时、适量浇水。

①播种水　在西瓜播种或定植时开沟浇水，水量中等，只浇播种行，以满足种子发芽或定植成活对水分的要求。

②催棵水　在西瓜进入团棵期，结合第一次追肥进行浇水，水量适中，只浇播种畦，目的是促进幼苗发棵，扩大叶面积，而后中耕保墒，促进根系生长。

③膨瓜水　西瓜果实褪毛之后进入果实膨大盛期，需水量增加，此时气温升高，蒸发量加大。为促进果实膨大、防止赘秧，应结合第二次追肥浇膨瓜水，水量要适当加大，浇透水。而后根据土质和降雨情况浇水，由褪毛到定个要浇几次膨瓜水，并做到均衡供水，防止出现裂瓜现象，特别是严重干旱后更应注意少浇水。

（3）植株调整

①压蔓　一般压三段（道），主蔓40厘米长时压第一段（道），100厘米长时压第二段（道），150厘米长时压第三段（道）。最好下午压蔓，早上茎蔓水多质脆，容易折断。

②整枝　常见的整枝方式有双蔓式和三蔓式。双蔓式即保留主蔓及主蔓基部1条健壮侧蔓，及早摘除其余侧蔓。这种方式适于密植、坐瓜率高、早熟栽培或土壤比较瘠薄的地块。三蔓式是保留主蔓，并在主蔓基部的第三至第五节上选取2条健壮的侧蔓，除去其他侧蔓，这种方式中晚熟品种应用的比较多。主蔓出藤后至第一雌花开放时，每隔3～4天对瓜苗整理1次，使主蔓有规律地向前伸展。开花后，不再进行理蔓。

③留瓜　选留主蔓上距根部1米左右处的第二、第三雌花留瓜，一般在植株的15～20节；在中等肥水条件下，采用中小果型品种、双蔓式整枝的，每亩栽植700～1000株，每株留1个瓜为宜。稀植、小型瓜、采用三蔓或多蔓整枝法整枝的、肥水条件好的，可适当多留瓜；反之，宜少留瓜。

④松蔓　果实长到拳头大小时（授粉后5～7天），将幼瓜后面秧蔓上压的土块去掉，或将压入土中的秧蔓提出地面，以促进果实膨大。

⑤顺瓜　当果实长到1～1.5千克时，左手将幼瓜托起，右手用瓜铲对瓜下地面松土，松土深度为2厘米，将地面整平后铺一层细沙土。一般松土2～3次。

⑥曲蔓　在幼瓜坐住后，结合顺瓜将主蔓先端从瓜柄处曲转，然后仍向南延伸，使幼瓜与主蔓成一条直线，然后顺放在斜坡土台上。

⑦翻瓜、竖瓜　翻瓜一般在膨瓜中后期进行，每隔7～8天翻动1次，一般翻瓜2～3次。竖瓜是在西瓜采收前几天，将果实竖起来，以利瓜型圆整和瓜皮着色良好。

⑧人工辅助授粉　西瓜授粉的最佳时间是晴天的上午8～10

时，授粉完成时间通常以 7～10 天为宜，最长不超过 10 天。授粉时，轻轻托起雌花花柄，使其露出柱头，然后选择当日开放的雄花，连同花柄摘下，将花瓣外翻或摘掉，露出雄蕊，在雌花的柱头上轻轻涂抹，使花粉均匀地散落在柱头上，一般 1 朵雄花可授 2～4 朵雌花。

7. 适时采收　西瓜在授粉后 30～35 天即可采收上市。采收时保留瓜柄和一段瓜蔓，既可以防止病菌侵入，又有一定的保鲜作用。

（四）日光温室西瓜早春茬栽培

1. 栽培季节　2 月中下旬播种育苗，苗龄 35～40 天，采用加温方式育苗，4 月上中旬定植于温室内，6 月初上市。

2. 品种选择　选用耐低温、耐弱光、结瓜性好的中早熟品种，如特小凤、凤光、小龙女、小霸王等。砧木可选用菜葫芦、瓠瓜，也可选用黑籽南瓜。

3. 定植　每亩施优质有机肥 5 000 千克、饼肥 50 千克、磷酸二铵 50 千克，深翻搂平。吊蔓或立架栽培，株行距 40 厘米×90～100 厘米，亩栽 1 600～1 800 株。

4. 田间管理

（1）温度管理　定植后结瓜前以蹲苗为主；白天温度保持 23～27℃、夜间 13～15℃，伸蔓后吊绳。11 月中旬以后天气逐渐转冷，要注意保温，白天温度保持 25～30℃、夜间 14～17℃。

（2）肥水管理　在定植穴浇水的基础上，缓苗后顺沟浇 1 次大水，以后注意划锄保墒。团棵期结合追肥在栽培畦的沟里适量浇水，以促棵快长。坐瓜以后由于果实膨大，需要越来越多的水分和养分，所以当幼瓜长到鸡蛋大小、表面的茸毛逐渐脱落、瓜面呈现明显光泽时，每亩随水冲施三元复合肥 20～30 千克。后期多采用根外追肥的方法，可用 0.3% 尿素＋0.2% 磷酸二氢钾混合液叶面喷施。结果后期停止浇水，以防降低糖分，影响西瓜品质。

（3）**植株调整**　采用三蔓整枝，保留主蔓和 2 个子蔓，用尼龙线吊蔓。留瓜时摘除主蔓上第一雌花，其余均可留瓜，每株留 2～3 个瓜。坐瓜的茎蔓在幼瓜前留 10～12 片叶打顶。瓜膨大到 2 千克左右后用草圈或网兜将瓜吊起。

5. 采收　坐瓜后 45～50 天瓜基本成熟，适时采摘上市。

（五）大棚西瓜春提早栽培

1. 整地做畦　结合整地每亩施优质厩肥 5 000 千克，或优质腐熟鸡粪 2 000 千克，配合施入硫酸钾 15～20 千克、过磷酸钙 50 千克、腐熟饼肥 100 千克。基肥量的 1/2 结合翻地全园施用，其余 1/2 施入瓜沟中，浇水后整地做畦。

2. 播种　采用双膜大棚保护栽培模式时，大棚的保温能力有限，可较当地露地西瓜的育苗期提早 40 天左右；采用三膜栽培模式，育苗期可提早 50 天左右；采用三膜一苫栽培模式时，育苗期可提早 60 天左右。早熟品种可适当晚播，中晚熟品种或嫁接栽培可适当提早播种。

宜定植苗龄 30～40 天、有 4～5 片真叶的大苗。

3. 定　植

（1）**定植时间**　当大棚内气温稳定在 15℃以上、凌晨最低气温不低于 8℃、10 厘米地温稳定在 12℃以上时即可定植。

（2）**定植密度**　采取双蔓或三蔓整枝栽培时，早熟品种以每亩栽植 1 000 株左右为宜，中晚熟品种以 500～800 株为宜。

（3）**定植方法**　定植前 5～7 天覆盖地膜，以增温保墒。定植时按株距打孔，然后栽苗、浇水、覆土。定植深度以营养土坨的表面基本与畦面相平为好，若幼苗下胚轴较高，则定植深度可稍深。一般上午定植，下午扣小拱棚，以迅速提高棚内温度。

4. 植株调整

（1）**整枝**　早熟品种一般采用双蔓整枝，中晚熟品种一般采用双蔓整枝或三蔓整枝。支架或吊蔓栽培西瓜，当主蔓长至30～50厘米时，侧蔓也已明显伸出，当侧蔓长到20厘米左右时从中选留1条健壮侧蔓，其余全部去掉，以后主、侧蔓上长出的侧蔓随时摘除。在坐瓜节位上边留10～15片叶打顶。整枝要在果实坐住以前进行，支架或吊蔓栽培，去侧蔓（打杈）工作要一直进行到满架、打顶，在去侧蔓的同时摘除卷须。

（2）**吊蔓**　在定植后20多天，主蔓长30厘米左右，去掉大棚内的小拱棚后，立即进行吊蔓。

（3）**人工授粉**　授粉时应注意雌花开放时间，及早进行，花粉量要充足，花粉在柱头上涂抹均匀。一般应在上午8～9时进行授粉。

（4）**选瓜、吊瓜**　为提高单瓜重和使瓜型端正，应选留第二雌花上坐的瓜。留瓜过早则瓜小而瓜型不正，过晚则不利于早上市，一般授粉后3～5天、瓜胎明显长大时留瓜，优先在主蔓上留瓜，主蔓上留不住时可在侧蔓上留瓜。支架栽培，当瓜长到约0.5千克时，应及时进行吊瓜，以防幼瓜增大后坠落。爬地栽培，应进行选瓜、垫瓜和翻瓜。

5. 温湿度及光照管理

（1）**温度**　缓苗期要保持较高的棚温，一般白天温度保持30℃左右、夜间15℃左右，最低不低于8℃。伸蔓期后棚温要相对降低，一般白天温度保持22～25℃、夜间10℃以上。开花坐瓜阶段，棚温要相应提高，白天温度保持30℃左右、夜间不低于15℃，否则将引起坐瓜不良。果实膨大期外界气温已经升高，此期棚内温度有时会升得很高，要适时通风降温，白天棚温控制在35℃以下，但夜间仍要保持18℃以上，否则不利于西瓜膨大，还易引起果实畸形。

（2）**湿度**　大棚西瓜生育适宜空气相对湿度白天控制在

55%～65%、夜间75%～85%，可采取地膜覆盖、前期控制浇水、中后期加强通风等措施降低空气温度。

（3）**光照** 选用耐低温防老化长寿无滴膜，并保持薄膜清洁。大棚内套小拱棚的光照和温度管理要协调进行。此外，植株下部老叶及时摘除，适当通风排气，以改善株间光照条件。

6. 肥水管理

（1）**追肥** 追肥重点应放在西瓜生长的中后期。开花坐瓜期可根据瓜秧的生长情况，叶面喷施2次0.2%磷酸二氢钾溶液，以利于提高坐瓜率。坐瓜后及时追肥，结合浇水每亩冲施三元复合肥30千克左右，或尿素20千克、硫酸钾15千克。果实膨大盛期每亩随水冲施尿素10～15千克，保秧防衰，为结二茬瓜打下基础。在头茬瓜采收、二茬瓜坐瓜后，每亩随水冲施尿素10～15千克、硫酸钾5～10千克，同时叶面追肥1～2次。

（2）**浇水** 一般缓苗后浇1次缓苗水，幼瓜坐稳进入膨瓜期后及时浇膨瓜水，膨瓜水一般浇2～3次，每次的浇水量要大。西瓜定个后，停止浇水，促进果实成熟，提高产量。收瓜前1周停止浇水，以提高西瓜品质。

（六）无籽西瓜栽培

1. 适时定植 无籽西瓜苗期生长弱，利用苗床的优越条件培育大苗，对促进其前期生长有利，一般以3～4片真叶苗移栽为宜。无籽西瓜植株生长势强，坐瓜节位偏高，成熟期较晚，应比普通西瓜适当稀植。一般行距1.8～2米、株距0.5～0.9米，每亩栽植500～700株。大棚支架栽培，每亩可栽植800株左右。

采用昆虫授粉时，无籽西瓜与授粉品种的配置比例为3～4:1。采用人工授粉时品种配置比例可为8～10:1。授粉品种的花期、熟性、坐果性应与无籽西瓜基本一致，但瓜型和瓜皮花纹最好与无籽西瓜有所区别。

2. 植株管理

（1）**整枝**　无籽西瓜采用双蔓或三蔓整枝。由于无籽西瓜生长势强，侧蔓发生多且生长快，要早整枝勤打杈，坐瓜后如果瓜蔓生长势仍然很强，可进行茎尖摘心或压入土中。肥力较差、施肥水平不高的地块，以三蔓整枝为宜；施肥水平高的田块以双蔓整枝为宜。

（2）**压蔓**　无籽西瓜压蔓要及时、要狠，以防因营养生长过旺而推迟坐瓜和形成畸形瓜。压蔓时可采用明压，也可采用暗压，一般坐瓜前压2～3次，坐瓜后压1～2次。

（3）**留瓜**　生产中一般选主蔓上第三雌花留瓜，每株只留1个瓜。

（4）**人工辅助授粉**　一般可在花期的清晨采集含苞待放授粉品种的雄花集中放在保湿的容器内，待雄花开放散粉后，将雄花花瓣反卷，露出雄蕊在无籽西瓜雌花的柱头上转圈涂抹几次，使雌花柱头上能均匀涂抹到花粉，1朵雄花可为1～3朵雌花授粉。

3. 肥水管理　采取"促两头、控中间"的管理方法。无籽西瓜生长前期长势弱，应保证肥水供应，提高环境温度，促进其生长。生长中后期生长旺盛，易徒长并且坐瓜困难，因此在坐瓜前应控制肥水，加强整枝压蔓，以控制营养生长。坐瓜后，植株的生长中心由生长点逐步转移到果实，不致发生徒长。为了促进果实膨大，应重施结瓜肥，以速效氮和钾肥为主。每亩可追施三元复合肥15～20千克，并浇2～3次透水，促进果实迅速膨大，充分发挥无籽西瓜的丰产优势。也可结合浇水每亩追施尿素8千克、硫酸钾10千克。生产中应尽量不施或少施磷肥，以免增加果实中白色秕子的数量。

（七）小西瓜栽培

小西瓜是普通食用西瓜中果型较小的一类，果实外观精美秀丽，果皮极薄，肉质细嫩、纤维少，口感爽甜，品质极佳，瓜肉中心含糖量特别高，一般可达 13% 以上，高者可达 16%。通常单瓜重为 1～2 千克，故又称袖珍西瓜或迷你西瓜，是一种高档礼品瓜，深受消费者欢迎。

1. 嫁接育苗　由于小西瓜前期生长弱，种子也较贵，因此宜采用嫁接育苗。培育壮苗，适当稀植，大苗定植，是小西瓜早熟丰产的关键技术。

2. 整地施肥　由于小西瓜的需肥量比普通西瓜少，一般自根苗栽培时，施肥量为普通西瓜施肥量的 70%～80%；采用嫁接栽培时，施肥量为普通西瓜施肥量的 50%～60%。

3. 定植　小西瓜种植密度因栽培方式和整枝方法的不同而异。爬地栽培时，如果采用双蔓整枝，每亩种植 800～1 000 株；采用三蔓整枝，每亩种植 600 株左右；采用四蔓整枝，每亩种植 450 株左右。小西瓜果实小、植株也小，特别适于设施吊蔓栽培，每亩可定植 2 000 株左右。

4. 田间管理

（1）**整枝压蔓**　采用多蔓整枝、及时打杈的管理方式。整枝方法分保留主蔓和主蔓摘心 2 种。保留主蔓整枝时，在主蔓基部保留 2～3 条子蔓，形成三蔓或四蔓整枝方式，摘除其余子蔓及坐瓜前发生的孙蔓，这种整枝方式的留瓜节位以主、侧蔓第二雌花为主。主蔓摘心整枝时，应在幼苗 6 片真叶时进行，摘心后保留 3～5 条生长相近的子蔓，使其平行生长，摘除其余子蔓及坐瓜前子蔓上发生的孙蔓。

（2）**选留果实**　小西瓜不论是主蔓还是侧蔓，均以第二雌花留瓜为宜。一般以每株留 2～3 个瓜为宜，坐瓜多时应适当疏瓜，尤其是根瓜要及时疏掉，以防坠秧。头茬瓜生长 10～15 天以后可留二茬瓜。

（3）**肥水管理**　在施足基肥、浇足底水、重施长效有机肥的基础上，头茬瓜采收前原则上不施肥、不浇水。若表现水分不足，应于膨瓜前适当补充水分。在头茬瓜大部分采收后、第二茬瓜开始膨大时进行追肥，以钾、氮肥为主，补充部分磷肥，每亩可施三元复合肥 50 千克，于根的外围开沟撒施，施后覆土浇水。第二茬瓜大部分采收、第三茬瓜开始膨大时，按同样方法和施肥量追肥，并适当增加浇水次数。

5. 采收 小西瓜果实小，从雌花开放至果实成熟时间较短，在适温条件下较普通西瓜早熟 7～8 天，果实发育约需 25 天。

（八）病虫害防治

1. 生理性病害

（1）**僵苗** 植株矮小，生长缓慢，地下根发黄甚至褐变，新生的白根少，是苗期和定植前期的主要生理病害。

防治方法：改善育苗环境，培育生长正常、根系发育好、苗龄适当的健壮幼苗；定植后防止受到冷害、冻害，定植后防止沤根；施用腐熟有机肥，化肥施用要适量，注意与主根保持一定距离。

（2）**徒长** 在苗期及坐瓜前表现为节间伸长，叶柄和叶身长，叶色淡绿，叶片较薄、组织柔嫩；在坐瓜期表现为茎粗叶大，叶色浓绿，生长点翘起，不易坐瓜。

防治方法：控制基肥的施用量，前期少施氮肥，注意磷、钾肥配合；苗床或大棚栽培时温度应采取分段管理，适时通风、排湿，增加光照，降低夜温；对已经徒长的植株，可通过适当整枝、摘心以抑制其营养生长，采取去强留弱的整枝方式或部分断根等手段控制营养生长，并进行人工辅助授粉，促进坐瓜。

（3）**粗蔓** 此病症状从甩蔓到瓜胎坐住后开始膨大均可发生。发病后，距生长点 8～10 厘米处瓜蔓显著变粗，顶端粗如大拇指且上翘，变粗处蔓脆易折断纵裂，并溢出少许黄褐色汁液。生长受阻，叶片小而皱缩，近似病毒病状，不易坐瓜。

防治方法：选用抗逆性强的品种，中晚熟品种一般发生较轻或不发生。加强苗期管理，定植无病壮苗。采用配方施肥，增施腐熟有机肥和硼、锌等微肥，调节养分平衡，满足西瓜生长对各种养分元素的需要。加强田间管理，保护地注意温湿度管理，加强通风透光，促使植株健壮生长。出现症状后，可用50%异菌脲可湿性粉剂1 500倍液＋0.3%～0.5%硼砂溶液＋1.8%复硝酚钠水剂6 000倍液喷雾，或50%异菌脲可湿性粉剂1 500倍液＋0.3%～0.5%硼砂溶液＋0.2%尿素溶液喷雾，每4～5天喷1次，连喷2次。

（4）**急性萎蔫**　此病是西瓜嫁接栽培容易发生的一种生理性萎蔫，初期表现为中午地上部萎蔫，傍晚尚能恢复，经3～4天反复后枯死，根茎部略膨大。与侵染性枯萎病的区别在于根茎部维管束不发生褐变，其发生时间在坐瓜前后，连续阴雨弱光条件下易发生。

防治方法：选择适宜砧木，通过栽培管理增加根系的吸收能力。

（5）**畸形瓜**　果实的花蒂部位变细，瓜柄部位膨胀，常称尖嘴瓜；果实的顶部接近花蒂部位膨大，而靠近瓜柄部较细，呈葫芦状；瓜的横径大于纵径，呈扁平状；果实发育不平衡，一侧发育正常，而另一侧发育不正常，呈偏头状。

防治方法：加强苗期管理，避免花芽分化期（2～3片真叶）受低温影响；控制坐瓜节位，第二、第三雌花留瓜；采取人工授粉，每天早上7时至9时30分用刚开放的雄花轻涂雌花，尽量用异株雄花或多个雄花给1朵雌花授粉，授粉量大、涂抹均匀利于瓜型周正；适量追肥，防止脱肥，在70%果实长到鸡蛋大小时及时浇膨瓜水、施膨瓜肥，注意少施氮肥，增施磷、钾肥，以控制植株徒长，促使光合作用同化养分在植株体内正常运转；加强病虫害防治。

（6）**空心瓜**　西瓜成熟前瓜瓤出现开裂、缝隙、空洞等现象统称为空心。坐瓜时温度偏低、阴雨寡照、氮肥使用过多、茎叶和果实争夺养分，会致使果实养分供应不足而形成空心；膨瓜期肥水不足也可造成空心。

防治方法：选用抗病性强、耐低温弱光的早熟品种。适当控制播种期，不能盲目提早。基肥以磷肥和有机肥为主，苗期轻施氮肥，抽蔓期适当控制氮肥、增施磷肥，促进根系生长和花芽分化，提高植株耐寒性。坐瓜后增施速效氮肥、钾肥，增强植株的抗病性。生育前期避免土壤水分变化过大，坐瓜前适当控制肥水，防止疯长；瓜坐住后可喷施磷酸二氢钾液等叶面肥，以满足西瓜膨大对养分的需要。及时防治病虫害。采用 2～3 蔓整枝，选择主蔓第二雌花以上的雌花坐瓜。适时收瓜，根据运程的远近确定西瓜采收成熟度，九成熟以上的西瓜长途运输易发生空心现象，特别是对易空心的沙瓤品种应适当提早收瓜。

（7）**裂瓜**　从花蒂处产生龟裂，幼瓜到成熟均可发生。通常瓜皮薄的品种和小西瓜品种易发生，土壤极度干旱后浇水、高温多雨季节可诱发裂瓜。

防治方法：选择适宜品种；实行深耕，促进根系发育，吸收耕作层底部水分，并采取地膜覆盖保湿；果实成熟时严禁大水漫灌，避免水分变化太大。

（8）**脐腐病**　果实顶部凹陷变为黑褐色，后期湿度大时遇腐生霉菌寄生会出现黑色霉状物。在天气长期干旱的情况下，膨瓜期水分、养分供应失调，叶片与果实争夺养分，导致果实脐部大量失水，使其生长发育受阻；氮肥过多导致钙素吸收受阻，使果实脐部细胞生理功能紊乱，失去控制水分的能力；施用植物生长调节剂干扰了果实正常发育，均易产生脐腐病。

防治方法：瓜田深耕，多施腐熟有机肥，促进保墒；均衡供应肥水，叶面喷施 1% 过磷酸钙浸出液，每 15 天喷 1 次，连喷 2～3 次。

（9）**缺素症**

①缺磷　根系发育差，植株细小，叶片背面呈紫色，花芽分化受到影响，开花迟，果实成熟晚，而且容易落花和化瓜。瓜肉

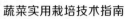

中往往出现黄色纤维和硬块，甜度下降，种子不饱满。

防治方法：每亩开沟施过磷酸钙 15～30 千克，用 0.4%～0.5% 过磷酸钙浸出液叶面喷施。

②缺钾　一般在花期至果实膨大期表现较多，其主要症状是老叶开始迅速黄化，叶片边缘坏死，并逐步向上扩展。同时，生长量减少，果实膨大较慢。

防治方法：每亩沟施硫酸钾 5～10 千克或草木灰 30～60 千克，或用 0.4%～0.5% 硫酸钾溶液叶面喷施。

③缺硼　新蔓节间变短，蔓梢向上直立，新叶变小，叶面凹凸不平并有不均匀的斑纹，时有横向裂纹，叶片脆而易断，断口呈褐色，严重时生长停止，不能正常结瓜。有时蔓梢上出现红褐色膏状分泌物。

防治方法：每亩施硼砂 0.5～1 千克作基肥；发现缺硼时可用 0.1%～0.2% 硼砂溶液叶面喷施。

2. 侵染性病害

（1）猝倒病　为西瓜幼苗期的主要病害，初期幼苗茎基部发生水渍状病斑，接着病部变为黄褐色并缢缩似线条状。病害发展迅速，在子叶尚未凋萎之前幼苗即猝倒。有时幼苗尚未出土，胚轴和子叶已腐烂；有时幼苗外观与健苗无异，但贴伏在地面而不能挺立，检查这种病苗，可看到其茎基部已收缩似线条状。湿度大时，在病部及其周围的土面长出一层白色菌丝体。幼苗子叶养分基本用完、新根尚未扎实之前是感病期，遇雨、雪、连阴天或寒流侵袭，发病较多。

防治方法：可参考黄瓜栽培技术部分猝倒病防治方法。

（2）炭疽病　各地普遍发生，多阴雨天气和南方多水地区发生尤重。西瓜叶、蔓、瓜均可发病。叶片发病，初为圆形淡黄色水渍状小斑，后变褐色，边缘紫褐色，中间淡褐色；同心轮纹和小黑点没有蔓枯病明显，病斑易穿孔，外围常有黄色晕圈。叶柄和蔓上病斑为梭形或长椭圆形，初为水渍状黄褐色，后变为黑褐色。果实受害，初为暗绿色油渍状小斑点，后扩大成圆形暗褐色稍凹陷病斑，空气湿度大时病斑上长橘红色黏状物，严重时病斑连片，果实腐烂。

防治方法：选用抗病品种，选用无病种子，或进行种子消毒；施用充分腐熟有机肥，采用配方施肥，增强植株抗病力；选择沙质土，注意平整土地，防止积水，雨后及时排水，合理密植，及时清除田间杂草。发病初期可用1%武夷菌素水剂200倍液，或36%甲基硫菌灵悬浮剂500倍液，或10%苯醚甲环唑水分散粒剂1500倍液，或80%福·福锌可湿性粉剂800倍液喷施，每隔7～10天喷1次，连续防治2～3次。

（3）**枯萎病** 西瓜枯萎病也叫蔓割病、萎蔫病等，分布广泛，危害严重，全生育期均可发病。幼芽受害，在土壤中即腐败死亡，不能出苗。出苗后发病，顶端呈失水状，子叶和叶片萎垂，茎蔓基部萎缩变褐猝倒。茎蔓发病，基部变褐，茎皮纵裂，常伴有树脂状胶汁溢出，干后呈红黑色，横切病蔓见维管束呈褐色。后期病株皮层剥离，木质部碎裂，根部腐烂仅见黄褐色纤维。雨后遇旱或时雨时晴的气候条件下发病较多，微酸性土壤及偏施氮肥利于发病。

防治方法：可参考黄瓜栽培技术部分枯萎病防治方法。

（4）**疫病** 侵染西瓜茎叶与果实。苗期发病，子叶上出现圆形水渍状暗绿色病斑，后中部呈红褐色，近地面缢缩猝倒而死。叶片生病初期，发生暗绿色水渍状圆形或不规则形病斑。湿度大时，软腐似水煮，干时易破碎。茎基部受害，发生纺锤状凹陷的暗绿色水渍状病斑，茎部腐烂，病部以上全株枯死，但维管束不变色，这是与枯萎病的主要区别。果实受害形成暗绿色近圆形凹陷水渍状病斑，很快蔓延扩展到全瓜皱缩软腐，表面长有灰白色绵毛状物。排水不良或通气不佳的过湿地块发病重。

防治方法：可参考黄瓜栽培技术部分疫病防治方法。

（5）**菌核病** 参考黄瓜栽培技术部分菌核病防治方法。

（6）**白绢病** 棚室西瓜栽培时有发生，主要侵害近地面的茎蔓或果实。茎基部或贴地面茎蔓染病，初呈暗褐色，其上长出白色辐射状菌丝体。果实染病，病部变褐，边缘明显，病部也长出白色绢丝状菌丝体，菌丝向果实靠近地表处扩展，后期病部产生茶褐色萝卜籽状小菌核，湿度大时病部腐烂。在高温多湿的6～7月份发病严重，疏松的沙质土壤发病较重，重茬地发病重。

防治方法：有条件的应与玉米、小麦等实行3～4年轮作，或与水稻隔年轮作。西瓜收获后深翻土壤，把带有病菌的土表层翻至15厘米深以下，促使病菌死亡。在瓜下面垫草，使其不与土壤接触，以减少染病机会。发现病株及时拔除烧毁或深埋，收获后把病残体彻底清出田间，以减少菌源。发病初期用50%代森铵可湿性粉剂，或50%甲基硫菌灵可湿性粉剂500倍液浇灌，每株用药液250毫升，每7天1次，连续防治2～3次。

（7）**白粉病** 白粉病俗称"白毛"，是西瓜生长中后期的一种常见病害。白粉病发生在西瓜的叶、茎、瓜及花蕾上，以叶片受害最重。发病初期，叶片正、背面及叶柄上发生离散的白粉状霉斑，以叶片正面居多，逐渐扩大，成为边缘不明显的大片白粉区，严重时叶片枯黄，停止生长。以后白色粉状物转变成灰白色，进而出现很多黄褐色至黑色小点，叶片枯黄变脆，一般不脱落。栽培管理粗放、施肥不足或偏施氮肥、浇水过多、植株徒长、枝叶过密通风不良及光照不足等均有利于白粉病发生。

防治方法：可参考黄瓜栽培技术部分白粉病防治方法。

（8）**灰霉病** 是棚室西瓜早春栽培的常见病害。苗期感病，心叶先受害形成"烂头"，以后全株枯死，病部长有灰色霉层。成株期感病，病菌多从开败的雌花侵入，使花瓣腐烂，并长出淡灰褐色霉层，进而向幼瓜扩展，致脐部水渍状，幼花迅速变软、萎缩、腐烂，表面密生霉层。叶片一般由脱落的烂花或病卷须附着在叶面引起发病，形成圆形或不规则形大病斑，边缘明显，表面密生灰色霉层。烂瓜或烂花附着茎蔓上时，能引起茎蔓部的腐烂，严重时植株枯死。连续阴雨天、种植密度大、株行间郁闭通风透光不良、氮肥使用量大、地势低洼积水等易发病。

防治方法：可参照黄瓜栽培技术部分灰霉病防治方法。

（9）**蔓枯病** 西瓜叶、秧、瓜均能受害。叶片受害症状近似于炭疽病。茎受害基部先呈油渍状，有胶状物，稍凹陷，不久呈灰白色，出现裂痕，胶状物干燥变为赤褐色，病斑上生有无数个针头大小的黑粒。节与节之间、叶柄及瓜柄上也出现溃疡状褐色病斑，并有裂痕，叶柄易从病斑处折断。叶片上形成圆形或椭圆形淡褐色至灰褐色大病斑，病斑干燥易破裂，其上形成密集的小黑粒。果实上先出现油渍状小斑点，不久变为暗褐色，中央部位呈褐色枯死状，内部木栓化。蔓枯病与炭疽病的区别是病斑上无粉红色分泌物，与枯萎病的区别是发病慢，全株不枯死且维管束不变色。土壤湿度大或田间积水易发病。

防治方法：避免连作，棚室内加强通风透光，防止过湿，基部老叶要摘除。采用高畦地膜覆盖栽培，膜下浇水。发病初期可喷洒 80% 代森锌可湿性粉剂 800 倍液，或 70% 代森锰锌可湿性粉剂 500 倍液，或 70% 甲基硫菌灵可湿性粉剂 600 倍液，每 7 天喷 1 次，连喷 3～4 次。

（10）**细菌性角斑病** 可参照黄瓜栽培技术部分细菌性角斑病防治方法。

（11）**细菌性瓜腐病** 又叫"阴皮病"，主要危害果实。果实发育期，病瓜首先在瓜皮上出现直径为几毫米的水渍状凹陷斑点，而后病斑迅速扩展，边缘不规则，呈暗绿色，后逐渐加深呈褐色，瓜面病斑扩大并汇成大斑块病区，此时病菌向内渗入瓜肉，果实出现腐烂。严重时，果实表面病斑出现龟裂，并溢出黏稠、透明、琥珀色的菌脓，不堪食用。高温高湿环境条件易发病。

防治方法：前茬大棚西瓜收获后，彻底清除病残体；选用抗病品种和无病种子，播种前进行种子消毒处理；实行合理轮作，加强田间管理。发病初期，可喷洒 72% 硫酸链霉素可溶性粉剂 2500～3 000 倍液，或 20% 噻菌铜可湿性粉剂 600 倍液，或 47% 春雷·王铜可湿性粉剂 800 倍液，每 7 天 1 次，连续喷 3～4 次。

（12）**病毒病**　西瓜花叶病表现有花叶型、蕨叶型、斑驳型和裂脉型，以花叶型和蕨叶型最为常见。花叶型呈系统花叶症状，顶部叶片表现黄绿相间的花叶，叶型不整，叶面凹凸不平，严重时病蔓细长瘦弱，节间短缩，花器发育不良，果实畸形。蕨叶型表现心叶黄化，叶片变狭长，叶缘反卷，皱缩扭曲，病株难以坐瓜，即使结瓜也容易出现畸形，瓜面形成浓绿色和浅绿色相间的斑驳，并有不规则突起，瓜瓤暗褐色，似烫熟状，有腐败气味，不堪食用。病毒由蚜虫或接触传播，田间操作也是传播病毒的主要途径。高温、干旱有利于病害发生，缺肥、生长衰弱的植株易于感病。

防治方法：选用抗病品种；清除杂草和病株，减少毒源；种子消毒；育苗移栽时避开发病期；施足基肥，轻施氮肥，增施磷、钾肥；在整枝、压蔓操作时，健株和病株分别进行，且先健株后病株，以防止接触传播；及时治蚜。于发病前幼苗 2～4 叶期用弱毒疫苗 N_{14} 进行接种或用 10% 混合脂肪酸水剂进行耐病毒诱导。苗期发病初可用 20% 吗胍·乙酸铜可湿性粉剂 300～600 倍液，或 1% 菇类蛋白多糖水剂 300～400 倍液喷洒或灌根。也可用 5 毫克 / 千克萘乙酸 + 0.2% 硫酸锌溶液喷洒，每 7 天喷 1 次，连喷 2～3 次。成株期可用菌毒清合剂（菌毒清水剂 400 倍液 + 磷酸二氢钾 300 倍液 + 硫酸锌 500 倍液），每 5～7 天喷洒 1 次，连喷 3 次。

3. 虫　害

（1）**红蜘蛛**　危害西瓜的主要是茄子红蜘蛛，也叫棉红蜘蛛。以成螨群集在瓜叶背面吸食汁液进行危害，初受害叶片呈现黄白色小点，后变成淡红色小斑点，严重时斑点连成片，叶背面布满丝网，叶片黄萎逐渐焦枯、脱落，严重影响植株的生长发育。

防治方法：西瓜采收完后彻底清洁田园，秋末和早春清除田边、路边、渠旁杂草及枯枝叶，结合冬耕冬灌，消灭越冬虫源。注意灌溉和合理施肥。点片发生时即开始防治，全园发生时应全面喷药。可选用40%乐果乳油1 000倍液喷雾，喷药要均匀，特别要注意喷叶片背面。

（2）蓟马　成虫和若虫在植株幼嫩部位吸食危害，严重时导致嫩叶、嫩梢干缩，影响生长。幼瓜受害后出现畸形，生长缓慢，严重时造成落瓜。

防治方法：及时清除杂草，以减少虫口基数。注意调节播种期，尽量避开蓟马发生高峰期，以减轻危害。提倡采用遮阳网、防虫网覆盖，以减轻危害，同时注意保护和利用天敌。在西瓜现蕾和初花期，及时喷洒22%吡虫·毒死蜱乳油1 500倍液，或0.3%印楝素乳油800倍液，或25%多杀霉素悬浮剂1 000～1 500倍液。

危害西瓜的其他害虫，如蚜虫、白粉虱、美洲斑潜蝇、根结线虫等，其危害特点和防治方法可参考黄瓜栽培技术病虫害防治部分的相关内容。

三、苦瓜栽培技术

（一）品种选择

适合春夏露地栽培的苦瓜品种有琼1号、英引、翠绿1号大顶、穗新2号、湘早优1号、丰绿2号等。适合保护地栽培的苦瓜品种有绿秀、台湾碧玉、春晓2号、春晓4号、碧士绿等品种。

（二）播种育苗

1. 浸种催芽　用55℃热水烫种，不断搅动，当温度降至30℃时浸种12小时。若把种子轻轻嗑开一条缝，有利于种子吸水，浸种 8 小时即可。随后将种子洗净捞出，用干净纱布包好，放入 30℃ 左右的温箱内催芽。催芽期间每天用温水清洗一遍，4～5 天开始出芽。

2. 播种育苗　取没有种过瓜类的蔬菜田土、草炭、蛭石和干人粪按 1∶1∶1∶0.5 混合，每立方米加磷酸二铵 1000 克，过筛混匀配成营养土。播种前 1 天将营养土装入 10 厘米×10 厘米的营养钵（育苗畦）内，浇透水。第二天再用水把营养土喷一遍，撒一薄层过筛细土后播种，种子上覆盖 1.5 厘米厚的小土堆，再遍撒一层细土。华北地区一般在 3 月底至 4 月初播种，苗龄30～35 天，5 月上旬终霜后定植。

3. 苗期管理　播种后密封温室，畦内搭小拱棚，覆膜，使白天温度保持 30～35℃、夜间 15℃ 以上。出苗 50% 后，及时撤掉小拱棚膜，再覆盖 0.5 厘米厚过筛细土，保持土壤湿度。中午通风降温，夜间再将棚膜盖上。幼苗出齐后，白天温度保持20～25℃、夜间 10℃ 左右。土壤见干浇水，控温不控水，保持幼苗健壮生长。以后逐渐降低棚内温度，至定植前几天把棚膜全部掀开炼苗。

（三）栽培模式与茬口安排

苦瓜多采用露地栽培，栽培季节依不同地区气候而定。华南、西南地区，春、夏、秋三季均可播种。北方地区，早春气候较冷凉，一般 3 月末至 4 月初在设施内育苗，终霜后定植于露地，6～9 月份收获。有条件的可进行设施栽培，温室育苗提早至 2月下旬育苗，3 月下旬或 4 月上旬在棚室内定植，利用地面覆盖和加小拱棚栽培，可提早至 5 月份上市。

（四）苦瓜春夏季栽培

1. 整地定植

（1）**整地**　苦瓜最忌连作，要选择近年未种过葫芦科蔬菜的田块，进行翻耕晒垡、整地施肥。每亩撒施腐熟农家肥 4 000～5 000 千克，施肥后再进行 1 次浅耕，使肥与土掺匀。然后挖种植沟，每亩用过磷酸钙 100 千克、饼肥 150 千克施于定植沟中，然后填土准备定植。

（2）**定植** 当 10 厘米地温稳定在 10℃以上、幼苗 3 叶 1 心时，即可定植。定植密度要根据土壤肥力和品种而定，一般行距 1.85～2 米、株距 55～60 厘米，每亩种植 560～650 株。栽植深度以幼苗子叶与地面相平为宜，栽植后及时浇定根水，以利提前结束缓苗，早发棵，早结果。

2. 田间管理

（1）**中耕除草** 苦瓜为长蔓生蔬菜，通常采取搭高架爬蔓栽培方式，生育前期要注意中耕松土，后期要重视除草。一般在浇过缓苗水之后，待表土干而不黏时进行第一次中耕。中耕时注意不能松动幼苗基部，距苗远的地方可深耕，增加土壤通透性。第二次中耕在第一次中耕后 10～15 天进行，这次不能深耕，注意保护新根。之后不宜再进行中耕，注意及时清除杂草，以改善田间通风透光条件和减轻病虫危害。

（2）**搭架** 移栽缓苗后，当瓜秧开始爬蔓时应及时搭架，以"人"字架为宜。方法是在定植行用长 200～300 厘米、基部直径约大拇指粗的竹竿斜插入土 20～25 厘米，在竹竿离畦面 100～120 厘米处交叉，在交叉处纵向加 1 根竹竿并用塑料绳绑紧。当主蔓长至 30 厘米左右时，顺着竹竿绑蔓，以后每隔 4～5 节绑 1 次蔓。主蔓 100 厘米以下选留生长健壮的 2 条侧蔓，分别向主蔓两边方向生长，以后根据植株生长状况只绑蔓上架不再整蔓。"人"字架主要特点是牢固，抗风能力强，操作方便；不足之处是后期顶部枝蔓密布容易郁蔽，通风不良。因此，也可在"人"字架上再搁置架材，将各畦"人"字架连成一片，为了操作方便可将"人"字架交叉点提高至 140～150 厘米处。这种搭架方式同时具有"人"字架和棚架的特点，茎蔓上架后水平分布，扩大了茎蔓生长空间，避免了一般"人"字架通风透光不良的缺点。

（3）**整枝打杈** 植株伸蔓初期，对主蔓进行人工绑蔓，以引蔓上架。主蔓 50 厘米以下的侧枝全部摘除，50 厘米以上留 5～6 条健壮的子蔓作为结瓜蔓，其余的全部摘除，每条子蔓再留 2～3 条孙蔓结瓜。当主蔓长至 1～1.3 米时摘心，打杈时应摘除卷须和部分雄花。苦瓜生长后期枝叶繁茂，结果多，一般不再打杈，要注意摘除过于密闭和弱小的侧枝，以及老叶、黄叶，以利于通风透光，延迟采收期。苦瓜属于异花授粉植株，必要时应进行人工辅助授粉，最佳授粉时间为上午 8～9 时。

（4）**肥水管理** 苦瓜发育中后期雌花较多，可连续不断开花结瓜，陆续采收，消耗肥水量大，生产中在施足基肥的情况下，进入结瓜期要及时追肥。如果天干无雨，应 2～3 天浇 1 次水，每隔 1 次浇水随水冲施 1 次化肥，每次每亩施尿素 15 千克，或硫酸铵 20 千克，或三元复合肥 40 千克。在盛瓜期应追施 3～4 次磷、钾肥，每次每亩施过磷酸钙 15 千克、硫酸钾 20～25 千克。结瓜初期可用磷酸二氢钾 100 克加水 50 升叶面喷施。夏秋苦瓜，因高温炎热，一般不宜施用稀粪水。结瓜中后期若肥水不足，则植株衰弱，开花少，果实小、苦味浓，品质下降，生产中应加强肥水管理，避免这种情况发生。

（五）苦瓜秋冬季保护地栽培

1. 选地与整地 选择背风向阳，排灌方便，土质肥沃疏松，有机质含量高的沙壤土。在土壤干湿度适宜时和种植前 7 天各耕地 1 次，结合整地每亩施三元复合肥 50 千克，按连沟宽 1.4 米的规格做畦。

2. 播种时间 苦瓜反季节种植，必须考虑苦瓜生长所需的温度，尤其要有利于苦瓜开花结果。因此，不论是直播或营养钵育苗，以 12 月 10 日左右播种为宜。

3. 大棚搭盖　大棚宽度 7 米左右，中间距离地面 2.5 米，两边高度为 1.6 米，大棚内可安排 5 畦，每畦连沟宽 1.4 米。搭棚以南北走向为好，每棚长度 50～60 米。可选用全钢大棚架或用竹子搭成拱形棚。

4. 种子催芽　催芽前晒种 3～4 小时，再用 50℃温水浸种 10 分钟，后用 0.1% 多菌灵溶液浸种 10 小时，洗净后用湿布包好进行催芽。催芽的前 2 天温度保持在 30℃，第三天保持在 20～25℃，当芽长出 2 毫米时即可播种。在催芽过程中，先发芽的可以先播种。

5. 合理种植　一般株距 0.5～0.6 米、行距 0.5 米，每畦种 2 行，栽植深度 2 厘米。每亩种植约 1 250 株。直播的，种子露白时播种；营养钵育苗的，苗龄 20～25 天进行移栽。播种后覆盖宽度 0.9 米的白色地膜，可抑制杂草生长，利于提高地温和保持土壤湿润。

6. 田间管理

（1）**苗期**　出苗前保持较高的温度和湿度，温度以 25～30℃为宜。子叶露出地面时要及时破膜，出苗至第一片真叶长出，温度保持 18～20℃，以利幼苗粗壮。营养钵育苗的在定植前 7 天要进行低温炼苗。

（2）**肥水管理**　苦瓜坐瓜前期植株小、生长慢，需肥较少，在施足基肥的基础上不需要追肥，可中耕松土保墒。进入开花结瓜期，温度较高，植株生长速度加快，需肥增加，注意及时追肥，以促秧保瓜。结瓜前期，一般每 15 天左右浇 1 次水，每亩随水冲施尿素 4～5 千克或硫酸铵 8～10 千克。结瓜中后期，瓜条膨大快，蒸腾作用强，需水量增大，可每 7～10 天浇 1 次水，每亩随水冲施硫酸钾和尿素各 7 千克。高温季节，浇水、施肥可在早晨或傍晚进行。生育后期，为保护叶片、延缓衰老，可叶面喷施光合微肥、叶面宝、磷酸二氢钾等叶面肥。积水易使苦瓜沤根，重者植株死亡，生产中应始终保持土壤见干见湿。

（3）**温湿度调节** 整个生长期大棚均要覆盖白色塑料薄膜，当棚内温度达到 27～30℃时，把棚架薄膜卷起进行通风。当棚内温度达 33℃以上时，加大通风量。阴雨天空气湿度大，也要适当通风。

（4）**摘蔓与人工授粉** 当主蔓长出第五片真叶时搭架引蔓，对侧蔓进行摘除，每株仅留 2 条侧蔓。由于苦瓜是雌雄同株异花，需进行人工辅助授粉，授粉要在雌、雄花开花的当天进行。一般 1 朵雄花可以授粉 4 朵雌花，受精后的雌花子房慢慢膨大，20 天左右即可采收果实。

（六）病虫害防治

苦瓜病虫危害较轻，主要病害蔓枯病等可参考西瓜、黄瓜栽培技术病虫害防治部分相关内容。这里仅介绍瓜实蝇危害特点及防治方法。

1. 瓜实蝇危害特点 成虫以产卵管刺入幼瓜表皮内产卵，幼虫孵化后即在瓜内取食，受害苦瓜先是局部变黄，而后全瓜腐烂变臭，大量落瓜。受害果实即使不腐烂，其刺伤处凝结流胶、畸形下陷，瓜皮硬实，瓜味苦涩，品质下降。幼虫老熟，钻出果实，入土化蛹，蛹羽化后的成虫重新危害，一般 5～6 月份为危害盛期。

2. 瓜实蝇防治方法 瓜实蝇幼虫钻蛀果实，防治较为困难，因此主要防治措施是诱杀瓜实蝇成虫。

（1）**黄板诱杀** 一是把黄板挂在离地面 1.2 米高的瓜架上，每亩挂 20 张左右，板面东西向垂直悬挂，防治效果较好；二是将黄板包在形状似苦瓜的水瓶外，悬挂在瓜棚内，易吸引瓜实蝇。

（2）**杀虫灯诱杀** 苦瓜幼瓜期，规模种植的，每公顷瓜田可安装 1 盏频振式杀虫灯，在夜间开灯诱杀瓜实蝇。

（3）**套袋护瓜** 瓜实蝇发生严重的地区，在苦瓜完全谢花、花瓣萎缩时进行套袋。套袋太早，阻碍雌花受粉影响坐瓜。套袋前须喷 1 次杀虫药，防治其他病虫害，确保套袋苦瓜质量。

（4）**药剂防治** 在成虫盛发期，于傍晚用 1.8% 阿维菌素乳油 2 000～3 000 倍液，或 2.5% 溴氰菊酯乳油 2 000～3 000 倍液喷施，每隔 3～5 天喷 1 次，连喷 2～3 次。

四、西葫芦栽培技术

（一）品种选择

1. 矮生类型 节间极短，植株直立，株高 0.3～0.5 米，第一雌花着生节位低，一般在主蔓 3～8 节开始着生雌花。此类型多耐低温，早熟，代表性品种有一窝猴、花叶西葫芦、站秧等。

2. 半蔓生类型 节间较短，蔓长 0.5～1 米，一般在主蔓 8～10 节开始着生雌花。多为中熟品种，代表性品种有昌邑西葫芦等。

3. 蔓生类型 节间长，蔓长 1～4 米，第一雌花着生在主蔓第 10 节左右，多为晚熟品种，耐低温能力较矮生和半蔓生类型弱。代表性品种有长西葫芦、扯秧西葫芦等。

（二）西葫芦早春设施栽培

1. 品种选择 选择耐寒性强、抗病、早熟、丰产、品质好的品种，如丰抗早、早青一代、碧玉（美国）、冬玉（法国）、京葫 3 号等。

2. 育苗 日光温室早春设施栽培一般于 12 月中下旬至翌年 1 月上旬，在日光温室电热温床育苗，2 月上中旬定植；大棚早春栽培一般于 2 月中下旬，在温室或阳畦播种育苗，3 月下旬定植。

（1）**营养土配制** 选用 60% 前茬没有种过葫芦科蔬菜的优质疏松园土、35% 腐熟有机肥或畜禽粪、5% 炉灰或沙子，分别过筛，然后按比例混合均匀。每立方米加三元复合肥 0.5～1 千克、50% 多菌灵可湿性粉剂 100～150 克拌匀备用。也可购买育苗专用基质。

（2）**苗床准备**　按照种植计划在育苗地挖宽 120 厘米、深 15 厘米的苗床，一般栽植 1 亩需准备苗床 20 米^2。有条件的可采用穴盘育苗，栽植 1 亩需准备 32 孔苗盘 60 张。

（3）**种子处理**　先将种子放入容器中，再将 55～60℃热水缓缓倒入盛种子的容器并浸泡 10～15 分钟，不断搅拌直至温度降至 30℃，在室温条件下浸泡 4～8 小时，然后把种子搓洗干净置于 24～28℃温箱中催芽，种子露白后即可播种。

（4）**播种**　使用育苗钵育苗的，先在钵里装入已配制好的营养土 9～10 厘米厚，整齐排放在苗床并浇透水，每钵点播 1 粒种子，播后覆营养土 2～3 厘米厚；使用穴盘育苗的，可购买育苗专用基质，将基质拌湿后装入苗盘刮平，用手指在穴盘每小孔表面压深约 2 厘米的小穴，将种子平放于穴内，上面覆盖基质或蛭石，刮平并喷透水，然后把穴盘整齐摆放于苗床，穴盘上面覆盖薄膜保湿。最后在苗床上搭塑料小拱棚保温。

（5）**苗期管理**

①温湿度管理　西葫芦幼苗易徒长，需严格控制温湿度。播种后幼苗出土前保持高温，白天温度保持 25～30℃、夜间 18～22℃，空气相对湿度保持 80%～90%，经 3～4 天出苗。幼苗出齐后及时通风适当降温，白天温度保持 25℃左右、夜间 13～14℃，第一片真叶展开后夜温降至 12℃。定植前 7～10 天，逐渐加大通风量，降温炼苗，白天温度保持 15～25℃、夜间 10～12℃。

②肥水管理　播前一次性浇足育苗水，出苗后一般不浇水，当苗床湿度大或秧苗徒长时，可覆干细土 2～3 次，每次覆土厚 0.5～1 厘米。穴盘育苗的，当有 60% 以上幼苗出土后去掉上面覆盖的薄膜，秧苗严重缺水时可选晴天上午适当喷水，并及时放风降温，严防徒长。

3. 定　植

（1）**定植前准备**　定植前 10～15 天覆盖棚膜，密闭保温。一般入冬前先进行秋耕，冬季冻垡、晒垡，翌年春土壤解冻后，每亩施腐熟农家肥 3 000～5 000 千克、磷酸二氢铵 30 千克、硫酸钾肥 30 千克作基肥，翻耕整地。

（2）**定植方法**　棚内 10 厘米地温稳定在 8℃以上、夜间最低气温不低于 8℃时，即可定植。按大小行定植，大行距 80 厘米，小行距 40 厘米，株距 50～60 厘米，每亩栽植 1 600 株左右。秧苗定植后结合中耕，按小行距起垄，垄高 15～20 厘米，垄上覆 1～1.3 米宽的地膜，膜下灌溉。

4. 田间管理

（1）**温湿度管理**　定植后密闭棚室，防寒保温促缓苗。缓苗期需要较高的温度，白天温度保持 28～30℃、夜间 18℃，晴天中午气温超过 30℃时开小口少量通风。缓苗后，白天温度保持 22～25℃、夜间 15℃左右，以利于雌花提早形成和开放，并可促进根系生长。根瓜膨大后，可适当提高温度，但不宜超过 30℃。进入结瓜盛期，当外界最低气温稳定在 10℃以上时，白天加大通风量，以降低棚内湿度。

（2）**肥水管理**　定植时浇透水，定植后 5～7 天浇 1 次缓苗水，水量不宜过大。浇过缓苗水后，在覆地膜前结合起垄根据土壤墒情中耕松土 1～2 次，中耕可由浅渐深。当根瓜长到 10 厘米长时开始浇催瓜水，根瓜采收后，晴天每 3～5 天浇水 1 次，保持土壤见干见湿；阴天则要控制浇水。结合浇水在坐瓜初期每亩追施碳酸氢铵 15 千克；在结瓜盛期每亩追施碳酸氢铵 10 千克；结瓜期根据秧苗长势，每 7～10 天叶面喷施 1 次 0.2% 磷酸二氢钾溶液。

（3）**植株调整**　及时打杈，摘掉畸形瓜、卷须及老叶，根瓜要早摘以免赘秧，日光温室一大茬吊蔓栽培的要及时落蔓。

（4）**人工授粉或蘸花**　西葫芦早春设施栽培必须进行人工

授粉，或用植物生长调节剂处理，否则会造成化瓜。人工授粉在上午 8～10 时进行，此时温湿度适宜，花粉成熟，授粉效果好。也可用 20～30 毫克／千克 2, 4–D 溶液涂抹雌花柱头和瓜柄，在蘸花液中加入 0.1% 的 50% 腐霉利可湿性粉剂，可预防灰霉病发生。

（5）**适时采收** 一般定植后 55～60 天进入采收期，根瓜 250 克左右时应及时采收以免坠秧；生长中后期环境条件适宜，可适当留大瓜，以提高产量。

（三）西葫芦越冬设施栽培

1. 品种选择

宜选择早熟、短蔓类型的品种，如早青一代、潍早 1 号、灰采尼等。

2. 育 苗

（1）**苗床准备** 在大棚内建造苗床，苗床为宽 1.2 米、深 10 厘米的平畦。营养土可用肥沃大田土与腐熟圈肥按照 6∶4 的比例配制，混合后过筛。每立方米营养土加腐熟捣细的鸡粪 15 千克、过磷酸钙 2 千克、草木灰 10 千克（或三元复合肥 3 千克）、50% 多菌灵可湿性粉剂 80 克，充分混合均匀。将配制好的营养土装入营养钵，装土后营养钵密排在苗床上。

（2）**种子处理** 参照西葫芦早春设施栽培相关内容。

（3）**播种** 70% 的种子出芽时即可播种，越冬茬西葫芦播种期为 10 月上中旬。播种前营养钵（或苗床）浇透水，水渗下后每钵中播 1 粒种子，播完后覆土 1.5～2 厘米厚。

（4）**苗床管理** 播种后床面覆盖好地膜，并扣小拱棚。出土前苗床温度白天保持 28～30℃、夜间 16～20℃，促进出苗。幼苗出土时，揭去床面地膜。出土后至第一片真叶展开，苗床白天温度保持 20～25℃、夜间 13～15℃。第一片真叶形成后，白天温度保持 22～26℃、夜间 13～16℃。苗期干旱可浇少量水，一般不追肥。定植前 5 天逐渐加大通风量，白天温度保持 20℃左右、夜间 10℃左右，进行低温炼苗。苗龄 30 天左右。

3. 定　植

（1）**定植前准备**　每亩施腐熟优质圈肥 5～6 米³、鸡粪 2～3 米³、磷酸二铵 50 千克，还可增施饼肥 150 千克。将肥料均匀撒于地面，深翻 30 厘米，耙平。施肥后，于 9 月下旬至 10 月上旬扣棚膜。定植前 15～20 天，每亩用 45% 百菌清烟剂 1 千克熏烟，密闭棚室高温闷棚消毒 10 天左右。

（2）**定植方法**　定植前起垄，大行距 80 厘米，小行距 50 厘米，株距 45～50 厘米，每亩栽植 2 000～2 300 株。定植后及时覆盖地膜，栽培垄及垄沟全部用地膜覆盖。

4. 定植后管理

（1）**水分管理**　定植时浇定植水，缓苗后浇苗水。缓苗水后蹲苗，即一般情况下不浇水。此段生长时间处于 11 月份，减少浇水甚至不浇水，可防止阴雨天出现低温高湿环境，不利于西葫芦生长；防止天气良好的植株徒长，促进根系生长，有利于坐瓜，还能预防后期早衰。

（2）**温度管理**　定植后尽量提高棚室温度，白天温度保持 28～30℃、夜间 19～20℃。缓苗后适当降低温度，白天温度保持 26～28℃、夜间 15℃左右。2 月份以后白天适当通风，随天气转暖通风量加大、通风时间延长，防止夜间温度过高而引起植株徒长。4 月份以后将棚膜中部由东到西全揭开，昼夜通风。

（3）**植株调整**　采用吊蔓栽培，及时摘除卷须、老叶，并及时抹除侧杈。由于棚室种植密度大，及时吊蔓能改善株行间透光（吊蔓方式同黄瓜）。及时掐除卷须，使植株长势整齐。及时疏除老叶，改善光照条件，促进新叶和幼瓜的形成。疏叶后注意及时在叶柄伤口处喷洒硫酸链霉素等杀菌剂，防止伤口感病腐烂。

（4）**肥水管理**　当第一幼瓜长到 3～5 厘米长时追肥浇水，春节前追肥浇水 2～3 次，结合浇水每次每亩追施三元复合肥 15

千克左右。春节后每 11～15 天追肥 1 次，每次每亩追施三元复合肥或尿素 10 千克。此期处于结瓜盛期，要求一次追肥、一次清水，交替进行。随天气转暖，浇水次数和浇水量逐渐增加，地皮见干时即浇水，每次浇水量也适当增加。每次采收的前 2～3 天浇水，采收后的 3～4 天内不浇水，有利于控秧促瓜。

5. 保果　西葫芦是异花授粉作物，单性结实能力极差。越冬栽培西葫芦人工授粉效果不明显，使用植物生长调节剂涂抹，保瓜效果良好。通常用 20～30 毫克 / 千克 2,4-D 溶液涂抹开放的雌花花柱基部一圈。为防止重复涂抹，可在药液中加些染料做标记。用 20～30 毫克 / 千克 2,4-D ＋ 20～30 毫克 / 千克赤霉素＋0.1% 的 50% 腐霉利可湿性粉剂混合液涂抹，有提高坐瓜率、刺激果实生长和预防灰霉病的作用。

6. 采收　西葫芦为无限生长、陆续结瓜作物，及时采收能提高产量和商品瓜质量。一般瓜长 20 厘米、单瓜重 0.2～0.3 千克时为采收适期。

（四）病虫害防治

1. 绵腐病　以危害果实为主，有时也危害叶、茎。果实发病初期呈水渍状暗绿色病斑，干燥条件下病斑稍凹陷，瓜肉变褐腐烂，表面生白霉；湿度大、气温高时，病斑迅速扩展，致整个果实变黑腐烂，且表面布满白色霉层。叶片发病，初期呈不规则形暗绿色水渍状病斑，湿度大时软腐似开水煮过。

防治方法：①实行高畦栽培，避免大水漫灌，雨后及时排水。②药剂防治。发病初期喷洒 14% 络氨铜水剂 300 倍液，或 50% 琥胶肥酸铜可湿性粉剂 500 倍液，每隔 10 天左右喷 1 次，连续喷 2～3 次。

2. 褐腐病　主要危害花和幼瓜。先从花蒂侵入，逐渐蔓延到幼瓜，被侵入的幼瓜从顶部向下腐烂，随后腐烂部位出现黑色大头针似的霉菌（孢子），最后果实迅速腐烂。

　　防治方法：①与非瓜类作物实行 3 年以上轮作。②高畦搭架栽培，合理密植，棚室栽培注意排湿增温。③坐瓜后，及时摘除残花、病瓜，集中深埋并烧毁。④药剂防治。露地栽培可用 64% 噁霜·锰锌可湿性粉剂 400～500 倍液，或 75% 百菌清可湿性粉剂 600 倍液，或 70% 乙膦·锰锌可湿性粉剂 500 倍液，或 72% 霜脲·锰锌可湿性粉剂 600 倍液，或 47% 春雷·王铜可湿性粉剂 800～1 000 倍液，或 50% 琥铜·甲霜灵可湿性粉剂 600 倍液喷雾防治。棚室栽培每亩可用 45% 百菌清烟剂 250 克熏烟。

　　此外，西葫芦白粉病、病毒病、灰霉病等侵染性病害和蚜虫、斑潜蝇、白粉虱等虫害防治，可参考黄瓜、西瓜病虫害防治相关内容。

第二章

茄果类蔬菜

一、番茄栽培技术

（一）品种选择

1. 适宜露地种植的品种　以早熟、增产为生产目的，可选用早熟品种，如西粉3号、东农702、津粉65、苏抗9号、鲁粉1号、早魁等；以优质高产为目的，可选用中晚熟品种，如毛粉802、佳粉15号、中蔬4号、中蔬5号、中杂9号等。

2. 适宜大棚早春茬种植的品种　主要有中杂7号、中杂8号、中杂9号、佳粉10号、双抗2号、早丰、西粉3号等。

3. 适宜大棚越夏茬种植的品种　主要有苏抗7号、中杂9号、中杂11号、中杂12号、佳粉10号、佳粉15号等国内品种；还有爱丽、卓越、桃大哥、R-144、玛瓦等引进品种。

4. 适宜大棚秋延后种植的品种　主要有西粉3号、L-402、中杂9号、中杂11号、双抗2号、佳粉15号、中蔬5号、中蔬6号等国内品种；还有爱丽、盖伦、保冠、桃佳、R-144、AF-516、桃丽、鲜明等引进品种。

5. 适宜日光温室越冬茬种植的品种　主要有普罗旺斯、悦佳、金鹏一号等品种。

（二）播种育苗

1. 苗床及营养土准备 苗床要选择地势、背风向阳、阳光充足、排灌方便、交通便利、土壤富含腐殖质的地方，东西向做畦床。

一般播种苗床的营养土按园田土 6 份、腐熟过筛的厩肥或堆肥 4 份配制；分苗床营养土按园田土 7 份、厩肥或堆肥 3 份配制。每立方米营养土需添加尿素或硫酸铵 400～600 克、磷酸钾或硝酸钾 800～1 000 克，或三元复合肥 1 000～1 500 克。苗床营养土厚度以 10～12 厘米为宜。

为防止土壤带菌，除进行翻晒消毒外，每平方米还可用 40% 甲醛 50 毫升加水 5 升喷洒。也可将 50% 多菌灵可湿性粉剂配成溶液后，按 1 000 千克床土加多菌灵 25～30 克的比例施用，充分拌匀后用塑料薄膜覆盖密闭 3～4 天，即可杀死土壤中枯萎病、立枯病等病菌。

2. 种子处理

（1）种子消毒 种子消毒可提高抗病能力，促进种子早出苗、出齐苗。

①温汤浸种 将种子放入常温的水中浸泡 10 分钟左右，取出后放入 55℃ 左右的温水中，边搅拌边加热保持水温约 20 分钟，水温降至 30℃ 左右后浸种 4～6 小时。然后取出种子直接播种，或用湿毛巾包好放在 28℃ 条件下催芽。

②药剂浸种 种子用纱布包好放在 10% 磷酸钠溶液中浸泡 15～20 分钟，取出后用清水冲洗干净再催芽，可去除种皮表面病毒。为防止早疫病可将种子在清水中浸泡 4～5 小时后，再用 1% 甲醛溶液浸种 15～20 分钟，捞出后用湿布包好，放入密封容器内闷 2～3 小时。为防止溃疡病可将种子先用 40℃ 温水浸泡 3～4 小时，然后放入 1% 高锰酸钾溶液中浸泡 10～15 分钟。

③干热处理 将完全干燥的种子放入 70℃ 干燥箱（或恒温

箱）中干热处理 72 小时，可杀死种子所带病菌，特别是对病毒病预防效果较好。

④低温和变温处理　低温处理是把吸水膨胀的种子置于 0℃条件下处理 1～2 天，以提高种子的抗寒性。变温处理是将要发芽的种子每天在 1～5℃条件下处理 12～18 小时，再转到 18～22℃条件下处理 12～16 小时，如此反复处理数天，可显著提高种子的抗寒性，并有利于出苗。

⑤包衣种子　经过包衣的种子无须采取消毒、浸种、催芽等措施，可直接进行干籽直播。

（2）催芽　经消毒处理的种子用湿毛巾包好置于 25～28℃条件下催芽，催芽过程中每天用同温度的水冲洗、翻动 1 次。2～3 天后种子萌动露白时，将温度降至 22℃左右，以使芽健壮。待多数种子出芽、芽长与种子纵径等长时即可播种。

3. 嫁接育苗

（1）砧木选择　砧木选择时应首先考虑对土传病害的抗性，同时兼顾与接穗的亲和力。北方地区宜选择抗枯萎病、黄萎病、根结线虫病的砧木品种；南方地区宜选择高抗青枯病，兼抗根结线虫病和枯萎病的品种。

（2）常用嫁接方法

①劈接法　砧木比接穗提前 7 天播种。嫁接时，先将砧木从第二片叶处连同叶片一起平切掉，保留下部，再用刀片将茎向下劈切 1～1.5 厘米；接穗从第二片叶处连同叶片一起平切掉，保留上部，用刀片将茎削成 1～1.5 厘米长的楔形。将接穗紧密地插入砧木的劈开部位，用嫁接夹固定，遮阴保湿。嫁接苗成活后即可进入苗期管理。

②靠接法　砧木比接穗提前 7 天播种，砧木 4～5 片叶、接穗 2.5 片叶时适合嫁接。嫁接时，将砧木保留 1 片真叶，在第一和第二叶中间用刀片断茎，并在子叶与第一片真叶之间由上而下斜切，切口长 1 厘米左右，角度为 30°～45°；在接穗第一片真

叶下方，由下向上斜切一刀，切口长度与角度和砧木保持一致。将砧木和接穗密接后，用嫁接夹固定牢。嫁接后充分浇水并适当遮阴，避免阳光直射，2～3 天内保持较高的温度和湿度。嫁接后 10 天左右，将下方接穗的茎切断。

③插接法　砧木比接穗提前播种 10～15 天，当砧木有 5 片叶时，保留 3～4 片真叶摘心；接穗有 2.5～3 片叶时，在砧木第三和第四叶腋处用竹签向下斜插 3～5 毫米深，竹签应略粗于接穗，顶部削成铅笔尖状。同时，将接穗第一片真叶下削成楔形，拔出竹签后，迅速将接穗插入孔内。嫁接后浇足水，移入设施内并用遮阳网遮阴，遮阴时间不宜太长，遇阴雨雪天气要去除遮阳网使幼苗见光。与靠接法相比，插接后的管理要求较严格。

④针接法　砧木和接穗同时播种，幼苗 2～3 片真叶、子叶下茎粗约 2 毫米时为嫁接适期。采用自动嫁接针（笔）可极大地提高嫁接效率，若无该工具，可自制竹针。嫁接时，先将砧木和接穗在紧靠子叶下横切或呈 45° 角斜切，将针的 1/2 插入砧木茎中心，上方插入接穗，使接穗和砧木切口紧密结合。嫁接后移入设施内，并用遮阳网遮阴保湿。约 4 天后开始见光，并适当通风，1 周左右进入正常管理。

⑤套管法　砧木和接穗均有 2～3 片真叶、株高 5 厘米左右时为嫁接适期。砧木和接穗均在子叶上方 0.6～0.8 厘米、第一节间呈 30° 角斜切，将接穗插入套管中，使切口处紧密结合。嫁接后移入棚内，温度保持 25～28℃，空气相对湿度 90%～95%，3 天左右即可愈合，之后进入正常管理。

（3）嫁接苗管理　嫁接苗最适生长温度为 25℃，温度低于 20℃或高于 30℃不利于接口愈合，影响成活率。嫁接后育苗场所要密闭，保证嫁接后 3～5 天内空气相对湿度为 90%～95%。嫁接后 2～3 天内不可通风，第三天后选择温暖而空气湿度较高的傍晚或清晨通风，每天通风 1～2 次。砧木与接穗的融合与光照关系密切，照度为 5 000 勒、12 小时长日照时成活率最高。另外，育苗场所增施二氧化碳气肥，能够促进光合作用，加速伤口愈合，而且由于气孔关闭抑制蒸腾，还可防止植株萎蔫。

（三）番茄露地栽培

1. 培育壮苗 北方地区必须在设施内育苗，日历苗龄以 60 ~ 70 天为宜。确定定植期后，一般提前 60 ~ 70 天播种育苗，每亩用种量 35 ~ 75 克。壮苗标准：幼苗有真叶 7 ~ 8 片，早熟品种株高 15 ~ 18 厘米，中晚熟品种 20 厘米左右，第一穗果开始出现大花蕾，根系发达，叶色浓绿，无病虫害。

2. 整地定植 春露地栽培地块应在上一年的秋末冬初进行深翻晒垡。定植前，结合整地每亩施优质农家肥 4 000 ~ 5 000 千克、过磷酸钙 70 ~ 80 千克、尿素 5 ~ 10 千克、草木灰 100 ~ 150 千克或硫酸钾 10 ~ 15 千克。一般采用平畦、小高畦、深沟高畦和垄栽等，北方地区多采用平畦或小高畦栽培，东北和西北地区多采用垄栽，南方地区多采用深沟高畦栽培。北方地区通常采用地膜覆盖，可在定植前 1 周覆膜，以提高地温。春露地番茄应在晚霜过后、10 厘米地温稳定在 10℃ 左右时定植，没有晚霜危害的地区可适当提早定植。定植宜在无风的晴天上午进行，以便于缓苗。

早熟栽培每亩栽 5 000 ~ 6 000 株，如每株留 2 穗果，每亩可栽 6 000 株；如每株留 3 穗果，每亩可栽 5 000 株。中晚熟栽培每亩栽 3 000 ~ 4 000 株，如每株留 2 穗果，每亩可栽 4 000 株；如每株留 3 穗果，每亩可栽 3 000 ~ 3 500 株。每畦栽 2 行，应带土坨定植，秧苗栽植的深度以子叶与地面相平为宜。若为徒长苗，则应采用顺沟卧栽方法，即把徒长苗卧放在定植沟内，将茎基部埋入土中，甚至可以埋入 2 ~ 3 片真叶，以促使发生不定根。栽苗后浇足定植水，温度低时可采用暗水浇苗。

3. 定植后管理 露地春番茄栽培田间管理应抓好"六防"，

即防止烤苗和寒苗、防止肥水短缺、防止中后期草荒、防止密度过大、防治病虫害，还要特别注意防止落花落果。

（1）**肥水管理**　地膜覆盖栽培的，应采用膜下滴灌或暗灌。定植后及时浇定植水，3～5天后、幼苗心叶开始转绿时浇缓苗水。随后控水蹲苗，至第一穗果坐住、有核桃大小时结束蹲苗。蹲苗结束后及时追肥并浇催秧催果水。结果期，应保证充足的水分供应，晴天或降水量少时，每4～6天浇1次水。切忌忽干忽湿，以减少裂果的发生。第一次追肥在第一穗果长至乒乓球大小、第二穗果已经坐住时进行，每亩随水追施人粪尿250～500千克，或尿素15～20千克、过磷酸钙20～25千克，或磷酸二铵20～30千克、硫酸钾10千克。以后在每穗果膨大时进行追肥，生产中应注意，定植前期可适当多施氮肥，中后期应氮、磷、钾并重，平衡施肥。在番茄植株出现缺素症的时候，可进行叶面喷肥。

（2）**植株调整**　露地春番茄一般均为带大蕾苗定植，因此在缓苗水浇过之后、地表稍干不黏泥时及时搭架，可采用"人"字架、三脚架、四脚架等。支架杆应从植株根部外侧插入土壤中，离植株不宜过近，否则易伤根。搭架后应及时绑蔓。第一次绑蔓的位置在第一花序与其下叶节间，绑绳、蔓、架杆呈连环（∞）形。以后，每穗果下均绑蔓1次。

番茄缓苗后，两个侧枝往往同时生长，可在长至10厘米以上时打去。为避免传播病毒，应用手指从下向上不接触主茎打杈，健株先打杈，晴天打杈伤口愈合快。在最上部的目标果穗，其上部保留3片叶摘心，既可避免太阳暴晒，防止果实日灼病，又能保证养分供应。进入转色期后，应将下部病叶、老叶及时打去。打叶应在晴天上午进行，以利于伤口愈合。

（3）**中耕除草**　番茄定植后应及时进行中耕，可连续进行3～4次，其深度应一次比一次浅。垄作或行距大的畦作可结合中耕适当培土，促使茎基部发生不定根，以扩大根群。

（4）**保花保果**　露地春番茄早期落花的主要原因是低温或植株损伤；中晚熟品种则主要是高温多湿。保花保果必须从根本上加强栽培管理，如培育壮苗、适时定植、保护根系、加强肥水管理、防止土壤干旱和积水、防止偏施氮肥、通过植株调整改善田间通风透光条件等，同时可科学施用植物生长调节剂。

（四）大棚番茄早春茬栽培

大棚番茄早春茬栽培，苗期处于低温弱光的严寒冬季，定植后外界气温逐渐升高、光照时间逐渐变长，利于番茄的生长发育，栽培容易获得成功。

1. 培育适龄壮苗　大棚早春茬番茄以早熟丰产为目标，因此育苗时要适当早播种，以培育健壮大苗。华北地区一般在11月下旬至12月上旬播种。可选择中杂7号、中杂8号、中杂9号、佳粉10号、双抗2号、早丰、面粉3号等早熟品种。

由于春早熟番茄育苗期正值寒冷时节，极易造成苗床低温高湿，使幼苗发生寒害和冻害。因此，生产中应加强苗期管理，尤其是在出现不良天气时，应及时扫除棚面上积雪，坚持白天揭盖草苫，适当通风换气，尽可能延长白天光照时间，排除棚内湿气，并对苗床加温。在育苗期间遇到强寒流天气发生冻害时，应于清晨8时前后喷一遍8～15℃的清洁温水，以缓解冻害。同时，覆盖草苫或盖花苫，防止因阳光直射棚内升温过快，从而因骤然解冻而死苗。

2. 整地定植　大棚番茄春季栽培，在年前地冻前进行深翻土地，定植前15～20天扣膜升温。结合整地每亩施腐熟有机肥7 500千克或鸡粪4 000～5 000千克、过磷酸钙50千克，深翻20～30厘米，耕翻耙平，然后做1米宽的高畦或50厘米行距的高垄，可在高畦或高垄上覆盖地膜。整地做畦后，在畦内或定植沟内每亩撒施三元复合肥25千克，以利缓苗和前期生长。

大棚中间做浇水沟兼走道，在沟的两边做1～1.3米宽的畦，每畦栽 2 行，早熟品种株距 25 厘米，中熟品种株距 33 厘米，晚熟品种株距 40 厘米。10 厘米地温稳定在 10℃以上时即可定植，以寒流过后的晴天上午定植为宜，以利促进缓苗。大棚扣小棚增温效果好，比单层膜定植期可提前 10～15 天。

3. 田间管理

（1）**温湿度管理** 定植后 5～7 天至缓苗前棚内白天气温保持 25～30℃、夜间 13℃以上，10 厘米地温保持 18～20℃，午间最高棚温不可高于 30℃。缓苗后，开始通风降温，通风口由小到大，通风时间由短渐长，棚温白天保持 20～25℃、夜间 12～15℃，空气相对湿度保持 60%～65%。番茄生长中后期（从第一穗果实膨大到植株拉秧），外界气温不断升高，光照充足，大棚管理重点是加强通风降低棚温，白天温度保持 25～26℃、夜间 15～17℃，地温保持 20～25℃，空气相对湿度保持 45%～55%。棚内湿度过大，易发生各种病害，尤其在每次浇水后必须加大通风量，以降低湿度。

（2）**中耕培土及肥水管理** 定植后及时浇水，此水不可过大，以免降低地温。定植 2～3 天后进行浅中耕，缓苗后再浇 1 次透水，并适时深中耕，结合中耕进行培土，使土壤保持上干下湿。第一穗果实 2～3 厘米大小前进行蹲苗，之后浇蹲苗结束水，以后每隔 7～10 天浇 1 次水，保持地面见干见湿。结合浇蹲苗结束水追 1 次肥，以后每隔 15～20 天追肥 1 次，每次每亩追施三元复合肥 8～10 千克，或尿素 15 千克。

（3）**植株调整** 番茄整枝方式有单干整枝、改良单干整枝（主副干整枝）和双干整枝 3 种。就品种熟性与整枝关系而言，早熟自封顶类型品种宜采用双干整枝，中熟品种宜采用改良单干整枝，晚熟无限生长类型品种宜采用单干整枝；就其栽培密度与整枝关系而言，密植栽培多采用单干整枝，稀植栽培多采用双干整枝，中等密度栽培多采用改良单干整枝。

（4）**插架绑蔓** 大棚番茄一般用竹竿插"人"字形架，每株

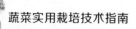
1杆，顶端交叉处连上横杆并绑牢。也可插直立架，每株1杆，用横杆将架绑牢。绑蔓时将植株用塑料绳绑在竹竿上，将花序调整在外侧，注意不要绑得太紧，以免植株长粗后出现缢伤。从植株第一花序开花坐果时，即开始进行插架或吊架绑蔓，在第一次绑蔓后每隔3~4片叶绑1次。如留果穗较多，也可在棚顶拉铁丝，每株用1根塑料绳吊蔓。

早春茬番茄一般留2~3穗果打顶，打顶时在最顶端花序之上留2片叶摘心，以保证最上部果实的营养需要，同时也有利于防止果实日灼病。自封顶型品种则要保留第一穗花下的第一侧枝，每株共留3~5个小穗，将其余侧枝全部打去，上部侧枝也可留1~2片叶摘心，以促进地下部根系生长和防止早衰。之后的侧枝要及时摘除。

（5）**保花保果** 通过调节和改善设施内温度、光照、通风等条件，尽可能满足番茄生长发育的需要；通过植株调整、整枝打杈，调节植株营养生长和生殖生长的平衡，以利于开花和坐果；合理浇水、科学施肥，保证植株正常生长；通过人工辅助授粉和使用植物生长调节剂等方法相结合的原则来保花保果。人工辅助授粉应在上午9~10时进行。植物生长调节剂可用20~40毫克/千克防落素溶液。

（6）**疏花疏果** 单果重量大的品种每穗留果数量宜少，一般2~3个；中大型果品种每穗可留果4~5个；中小型果品种每穗可留多些，一般6~8个；樱桃番茄品种一般不疏果。选留健壮、周正并着生于向阳空间处的大果，注意不要留"对把果"。

4. 催熟和采收 早春茬大棚番茄主要目标是早熟，除选用适于早熟的品种外，在果实后熟期用乙烯利800~1000倍液涂抹，可提前5~7天上市。

（五）大棚番茄越夏茬栽培

越夏番茄可以利用原有设施骨架，用旧棚膜、遮阳网和防虫网覆盖，进行防雨、遮阴、防虫栽培。

1. 培育壮苗　根据品种的生育期确定出适宜的播种育苗期。河南等中原地区越夏番茄的播种期一般在 4 月下旬。越夏番茄易感染病毒病，必须从种子消毒处理开始进行预防，培育无病壮苗。可选择苏抗 7 号、中杂 9 号、中杂 11 号、中杂 12 号、佳粉 15 号等国产品种和爱丽、卓越、桃大哥、R-144、玛瓦等引进品种。

2. 整地定植　定植前深耕，施足基肥。一般于定植前 7～10 天结合整地每亩施腐熟农家肥 10 000 千克、腐熟鸡粪 5 000 千克、过磷酸钙 100 千克。越夏番茄栽培一般垄宽 1.2 米，其中垄背宽 80 厘米、垄沟宽 40 厘米、垄高 15 厘米。起垄时，每亩再施尿素和硫酸钾各 15～20 千克。起垄后，可用 5% 菌毒清水剂 100～150 倍液对棚内全面喷施，然后密闭棚室高温闷棚，消毒灭菌。闷棚可在晴天中午前后进行，使棚内气温高达 60～70℃，持续 4～5 天后，昼夜通风降温，然后进行定植。

3. 田间管理　定植后及时覆盖遮阳网和棚膜，遮阴降温，减少蒸腾。浇过定植水 2～3 天后及时中耕松土，增加土壤透气性。通过覆盖和通风，使白天温度保持 22～27℃、夜间 14～17℃。在浇足定植水的情况下，一般缓苗期不浇水，如秧苗出现旱象可轻浇 1 次水。缓苗后和第一穗果坐果期各追肥 1 次，结合浇水每亩可分别追施尿素 5～7 千克和 8～15 千克。为控制植株徒长，追肥后应喷洒甲哌鎓，缓苗肥后喷洒 0.01% 甲哌鎓溶液，第一穗果坐果期肥后喷洒 0.015% 甲哌鎓溶液。

于通风口处设置避虫网，严防蚜虫和白粉虱等害虫飞入。生长前期温度较高易发生病毒病、晚疫病，应及时喷药防病。

此茬番茄一般采用单干整枝方法，每株留 4 穗果摘心。越夏番茄一般在 8 月中下旬开花，气温较高不利于授粉受精，需采取保花保果措施。果实长到核桃大时追肥浇水，以后每次浇水均要追肥，一般每亩每次可冲施硝酸钾复合肥 15 千克、腐熟鸡粪 0.3 米^3。9 月上旬换新棚膜，可明显增产，且果实色泽好。当气温降至18℃以下时覆盖草苫，以免成熟推迟，影响冬茬蔬菜种植。

（六）大棚番茄秋延后栽培

秋季大棚番茄栽培是夏播秋收，生育前期高温多雨，病毒病等病害较严重；生育后期温度逐渐降低，直至初霜降临。栽培技术特点是前期防雨降温，后期防寒保温。

1. 适期播种 大棚番茄秋延后栽培，可以选择西粉3号、L-402、中杂9号、中杂11号、双抗2号、佳粉15号、中蔬5号、中蔬6号等国内品种和爱丽、盖伦、保冠、桃佳、桃丽、鲜明等引进品种。一般根据当地早霜来临时间确定播种期，单层塑料薄膜覆盖棚以霜前110天左右播种为适期。华北地区多在7月上旬播种（如采用遮阳网覆盖栽培技术，播种期可提前至6月下旬）。

2. 整地定植 结合整地每亩施腐熟农家肥4 000～5 000千克，做畦或起垄时每亩再沟施三元复合肥20～30千克或饼肥200～300千克。畦做好后，定植前1周左右，用5%菌毒清水剂100～150倍液于棚内全面喷洒，然后密闭棚室高温闷棚，消毒杀菌。

采用小苗定植，偏垧栽培，以利缓苗。最好选择阴天或日落后定植，并及时浇水，隔4～5天后浇缓苗水。有限生长类型早熟品种或单株仅留2层果穗的品种，每亩栽苗5 000～5 500株；单株留3层果穗的无限生长类型中熟品种，每亩栽苗4 500株左右。

3. 田间管理 幼苗定植后，前期大棚管理的重点是降温、防雨、促缓苗、防徒长、保花保果，棚内白天温度不高于30℃、夜间不高于20℃。第一穗果实膨大前，要少浇水，多中耕，可连续中耕松土2～3次。第一穗果实进入膨大期、约在白露以后，棚内白天温度保持25℃左右、夜间15℃左右。当外界气温下降至15℃以下时，下午要适当提前落膜闭棚。植株出现徒长现象时应及时喷洒 300 毫克 / 千克矮壮素溶液。

开花期用 20～40 毫克 / 千克防落素喷花或蘸花。有限生长类型品种多采用改良式单干整枝方式，每株留 3～4 穗果实；无限生长类型的品种多采用单干整枝方式，每株留 2～3 穗果实后摘心，并在最后一层果穗上留 2 片叶。

当第一穗果实长到乒乓球大小时，结束蹲苗开始浇水追肥。全生育期追肥 2～3 次，每次每亩追施腐熟人粪尿 200～300 千克，或尿素 20 千克，或硫酸铵 40 千克。也可结合喷药防病进行根外追肥，可喷施 0.3%～0.5% 尿素溶液、0.2%～0.3% 磷酸二氢钾溶液、1%～2% 过磷酸钙浸出液、1% 磷酸铵溶液、0.05%～0.2% 硼砂溶液。一般每隔 7～10 天浇水 1 次，浇水后白天加强通风，降低湿度，以免发生病害。植株上每穗果实均已坐住后停止浇水，以促进果实成熟。

（七）日光温室番茄越冬茬栽培

番茄日光温室栽培，秋冬茬于 7 月下旬露地遮阴播种育苗，8 月下旬定植，11 月中旬至翌年 1 月下旬收获；越冬茬于 8 月中旬露地播种育苗，9 月中旬定植，12 月中旬至翌年 6 月下旬收获；冬春茬于 11 月上中旬温室播种育苗，翌年 1 月上中旬定植，4 月上旬至 6 月下旬收获。

1. 培育壮苗　该茬番茄育苗期处于高温多雨季节，因此需要采用遮阴、防雨、防虫等保护设施进行护根育苗。可选用生长势强、耐低温弱光、抗病性强的中晚熟品种，如普罗旺斯、悦佳、金鹏一号等。播种后苗床温度白天保持 25～30℃、夜间不低于 20℃。出苗后及时通风降温，白天温度保持 22～25℃、夜间 16～18℃，温度超过 30℃时遮花阴。子叶出土前保持土壤湿润，子叶出土后适当控水。幼苗期浇水应在早、晚温度较低时进行，切忌中午温度最高时浇水，以保持土壤见干见湿为宜。

2. 整地定植　前茬作物拉秧后，清理田园，深翻土地 30 厘米，密闭棚室 10～15 天，进行高温灭菌。定植前每亩施腐熟有机肥 7 000～8 000 千克、三元复合肥 100 千克，深翻时施入 2/3，剩余的 1/3 在做畦时沟施。采用宽窄行起垄做畦，宽行 80 厘米、窄行 50～60 厘米，沟深约 15 厘米；也可做成宽 60～70 厘米、高 15 厘米的小高畦。为防止滋生杂草和降低地温，可覆盖黑色地膜或银黑色地膜，采用膜下暗灌或滴灌。

定植尽量选在多云、阴天或一天中最凉爽的早晨或傍晚进行，以利于缓苗。按株距 30～33 厘米栽苗，浇足定植水，每亩栽 2 100～2 500 株。幼苗高 15～20 厘米时，将两窄行垄用地膜扣起来。

3. 田间管理

（1）**温湿度管理** 缓苗期白天温度保持 28～30℃、夜间 18℃～20℃。当外界夜间气温低于 15℃时，夜间封闭温室通风口，白天根据天气情况进行通风，室内温度保持 22～28℃。当室内夜间温度低于 8℃时，应覆盖保温被或草苫。

进入冬季后，晴天应坚持通风，降低湿度；阴天温度可比正常天气低 3～5℃。翌年春天，随着外界温度的回升逐渐加大通风量，当外界最低气温稳定在 15℃时昼夜通风。

（2）**光照管理** 定植时外界光照很强，可覆盖遮阳网等减弱光强。进入冬季后，应及时清除棚膜上的灰尘、积雪等，在温室北墙张挂反光幕，以增加光照。

（3）**肥水管理** 定植 5～7 天后浇缓苗水，从定植到第一花序坐住果期间采用溜小水，切忌浇水量过大造成"跑秧"，浇水后中耕。当第一穗果长至乒乓球大小、第二穗果已经坐住时浇 1 次催果水、追催果肥，每亩施三元复合肥 10 千克，之后每 7 天左右按此量结合浇水追肥。10 月中旬后控制浇水，通常每 20～30 天浇 1 次水；翌年春天温度回升后，每 7 天左右浇 1 次水。果实成熟期要控制浇水，特别是在采收前 1 天不能浇水，以防裂果。

（4）**植株调整**　越冬茬番茄一般采用吊蔓方式，吊蔓时从南到北株高稍有递增，南部不超过 1.7 米，北部不超过 2 米。使植株见光均匀。在采收过程中，下部果实采收完后及时落蔓，将茎蔓顺着畦的方向放落在畦面上，也可以以根部为中心进行盘绕。

越冬茬番茄可以采用单干整枝或连续摘心换头整枝方法。摘心换头多于 5～6 穗果坐住时进行，然后在植株顶部选留 1～2个侧枝，当侧枝长有 3～4 片叶时打掉一个侧枝，另一个侧枝留 2 片叶摘心，如此重复，直至进入翌年 1 月中旬，选 1 个顶部侧枝让其生长，该侧枝在春天温光条件好转的条件下可进入第二次结果阶段。

（5）**预防早衰**　越冬茬番茄除选择适宜品种外，还应采取正确的栽培管理措施，以免植株早衰。生长前期注意控制水分和温度，防止徒长，促进根系发育。施足基肥，保证生长后期不缺肥。采用摘心换头整枝方法，提高结果枝的生长能力，如果单穗开花数过多应适当摘除。加强病虫害防治，加强通风除湿，及时处理病残体，降低染病机会，确保植株生长健壮。

（八）有机番茄栽培

1. 有机番茄对环境条件的要求　有机番茄地块应符合《GB/T 19630—2011》的要求，即地块应是完整的，不能夹有常规生产地块，与常规地块交界处必须有明显标记且设置缓冲带或物理障碍，保证有机番茄生产地块不受污染。通常须经过 24 个月的转换期才能作为有机产品，经过 12 个月有机转换期后的地块中生长的番茄可作为有机转换产品销售。

2. 育苗技术

（1）**育苗床土或基质**　床土可按园土 50%～70%、腐熟厩肥 20%～30%、草木灰 5%～10% 的比例配制，另外可掺入一定量的磷矿石作为磷源。采用有机育苗基质或经过消毒处理的基质，按照草炭：珍珠岩：有机肥＝7：2：1的比例配制。

（2）**种子处理**　选用未进行药剂处理的种子。在30℃条件下保湿催芽，催芽过程中翻动种子数次，并用25℃清水淘洗1～2次，5～6天出芽后即可播种。

（3）**苗期管理**　齐苗后通风降温，防止徒长、倒苗和冻害，白天温度保持22～25℃、夜间16～20℃。采用床土育苗的可在幼苗1～2片真叶和3～4片真叶时各分苗1次。分苗前2～3天将温度降低3～5℃，进行低温炼苗，第一次分苗株行距均为8厘米，第二次分苗株行距均为15厘米，幼苗心叶开始生长时揭膜通风降温。

3. 整地定植　每亩施充分腐熟有机肥2500千克、磷矿粉40千克、钾矿粉20千克，土壤耕深20～30厘米，整平耕细，开沟做畦。有机番茄栽培要保持田间通风透光良好，行株距90厘米×40厘米，宽行100～120厘米，每亩栽1800～2600株，2行为1畦。

4. 田间管理　定植后，白天棚温保持20～32℃，前半夜17～18℃，后半夜9～11℃，使昼夜温差保持18～20℃。每亩随水冲施生物有机钾肥25千克或腐熟牛粪2000～4000千克、EM生物菌肥2千克、50%天然硫酸钾25千克，生物菌肥和钾肥交替施用。每次浇水至土表以下15厘米潮湿，一般滴灌20～30分钟即可。

在株高25～30厘米、第一花序开放前及时吊蔓或搭架。一般采用单干整枝，保留2～3穗果，主茎顶部花穗上留2片叶摘心。大果型品种，每穗留4～5个果，小果型品种留8～16个果。采用授粉棒进行人工辅助授粉或熊蜂授粉，也可在花蕾期用EM生物菌液或硫酸锌700倍液喷花序，促使柱头伸长，以提高坐果率。尽早摘除病果、畸形果及多余的花果。

（九）病害防治

1. 早疫病　苗期和成株期均可染病，一般下部叶片首先发病，逐渐危害上部叶片。叶片受害初期为水渍状病斑，具同心轮纹，严重时多个病斑可连成不规则大斑。茎、叶柄或果柄病斑为深褐色梭形或椭圆形，具同心纹和晕圈，病枝易由病处折断。果实病斑颜色深且凹陷，具同心纹，病果开裂，病部变硬，提早变红。空气湿度大时，病斑上可生黑色茸毛状霉。

防治方法：①农业防治。选用抗病品种，如茄抗5号、奇果等。与非茄科蔬菜实行3年以上轮作，高温闷棚，种子消毒处理，选用无病壮苗，合理密植，施足基肥，适时追肥。②药物防治。可喷施50%异菌脲可湿性粉剂1 000～1 500倍液，或75%百菌清可湿性粉剂600倍液，或58%甲霜·锰锌可湿性粉剂500倍液，每7天喷1次，共喷3～4次。番茄茎部发病除喷药外，用50%异菌脲可湿性粉剂180～200倍液涂抹病部，效果更好。棚室栽培还可每亩用5%百菌清粉尘剂1千克，或45%百菌清烟剂200～250克熏烟，每隔9天熏1次，连续防治3～4次。

2. 晚疫病 幼苗、叶、茎和果实均可受害。幼苗受害茎变细并呈黑褐色，致全株萎蔫或折倒，湿度大时病部表面生白霉；果实染病主要发生在青果上，病斑初呈油渍状暗绿色，后变成暗褐色至棕褐色，稍凹陷，边缘明显，云纹不规则，果实一般不变软，湿度大时有少量白霉，迅速腐烂。

防治方法：①农业防治。选用抗病耐病品种，并进行多品种混栽或轮换，合理密植，避免叶面结露和形成水膜，结果期增施磷、钾肥。②药剂防治。发现中心病株后应及时拔除，并喷施1∶1∶200波尔多液封锁发病中心。发病初期可喷施72.2%霜霉威水剂800倍液，或72%霜脲·锰锌可湿性粉剂600倍液，或72%烯酰·锰锌可湿性粉剂1 000倍液，每隔7～10天喷1次，连续4～5次。

3. 青枯病 病株常在株高30厘米左右时才开始显现症状。发病初期，白天叶片萎蔫、傍晚恢复，病叶变为浅绿色。发病后，如果气温高、土壤干燥，经2～3天便会全株凋萎，且不再恢复正常，直到枯死。植株枯死后仍保持青绿，故称青枯病。横切开新鲜病茎，发现维管束已变褐色，对其轻轻挤压，可流出污白色菌脓。

防治方法：①农业防治。选用抗病品种，采取不分苗、一次育成苗的一级育苗方法培育壮苗；与十字花科或禾本科作物实行 4 年以上轮作；采用高垄栽培，避免大水漫灌；清除病残体，集中深埋或烧毁；采用配方施肥，施用充分腐熟有机肥或草木灰，防止棚温过高、湿度过大；发现病株及时拔除。②药剂防治。定植时幼苗用拮抗菌 MA-7、NOE-104 浸根，发病初期用 72%硫酸链霉素可溶性粉剂 4 000 倍液，或 77%氢氧化铜可湿性粉剂 600 倍液，或 25%络氨铜水剂 500 倍液灌根，每株灌药液 0.3～0.5 千克，每 8～10 天 1 次，连灌 2～3 次。

4. 脐腐病　多发生在鸡蛋大小的幼果上。发病初期在幼果脐部及其周围产生黄褐色小斑点，后逐渐扩大，一般直径为 1～2 厘米，稍凹陷，褐色，果实内部从油渍状变为暗褐色且变硬。严重时病斑继续扩大至半个果实以上，并且病部变成暗褐色或黑褐色，果实扁平，果实健康部分提早变红。发病后期遇潮湿条件，病部常出现黑色或粉红色的霉状物。

防治方法：培育壮苗，采用地膜覆盖栽培，适时和适量浇水，严防忽干忽湿。施足腐熟有机肥，增施磷、钾肥。坐果后 1 个月可喷洒 1%过磷酸钙浸出液，或 0.5%氯化钙＋5 毫克/千克萘乙酸溶液，或 0.2%磷酸二氢钾溶液，从初花期开始，每 10～15 天喷 1 次，连喷 2～3 次。

二、辣椒栽培技术

（一）品种选择

1. 甜椒品种　主要有中椒 104 号、中椒 105 号、中椒 107

号、中椒 108 号、中椒 0808 号、中椒 4 号、中椒 5 号、中椒 7 号、甜杂 1 号、甜杂 2 号、甜杂 3 号、甜杂 7 号、牟农 1 号、茄门、农大 40 号、农发、海花 3 号、海丰 5 号、海丰 6 号、北星七号等。

2. 辣椒品种　主要有农大 21 号、农大 24 号、931 辣椒、湘研 16 号、湘研 19 号、湘研 25 号、中椒 6 号、中椒 10 号、中椒 13 号、沈椒 3 号、沈椒 4 号、津椒 8 号、早杂 2 号、海丰 12 号、海丰 23 号、京辣 1 号、京辣 4 号、京辣 5 号、京辣 6 号、洛椒 3 号、洛椒 4 号、粤椒 3 号、苏椒 3 号、沈椒 6 号等。

3. 加工类辣椒品种　主要有 8819、栃木三鹰椒、新一代三樱椒、天宇 3 号等。

（二）播种育苗

辣椒普遍采用育苗移栽。

1. 育苗设施　辣椒育苗设施主要有增温设施和遮阴降温设施。增温设施主要有阳畦、温床、温室、塑料小拱棚等。在华北、东北、西北等冬季寒冷地区，需在增温设施内采用电热温床育苗；长江以南地区可在设施内育苗。降温设施可利用瓜棚支架藤蔓进行遮阴，或覆盖遮阳网遮阴降温。

2. 营养土配制　营养土主要由园土和有机肥组成，园土占 50% ～ 60%，应选用 2 ～ 3 年内未种过茄果类、瓜类蔬菜、烟草等没有发生过油菜菌核病的田块，也可采用未种过蔬菜的大田土，以减少土传病害。园土应选用 15 ～ 20 厘米深的表土，在 8 月份高温时掘取，经充分烤晒后打碎、过筛，贮存于室内或用薄膜覆盖，保持干燥备用；有机肥占 40% ～ 50%。常用的有机肥有厩肥、堆肥、河泥、塘泥、草炭、饼肥等。如果园土不肥、有机质养分含量低，每立方米营养土中可加过磷酸钙 2 ～ 3 千克、三元复合肥 2 ～ 3 千克、草木灰 3 ～ 5 千克。

3. 营养土消毒　为避免土传病害，可针对当地主要病害对营养土进行消毒。常用消毒方法：①用 40% 甲醛 200 ～ 300 毫升加水 25～30 升，可消毒营养土 1 000 千克。方法是在营养土入床前 15～20 天，用配制好的药液喷洒营养土并充分拌匀，土堆上覆盖湿塑料薄膜闷 2～3 天后揭膜，经 7～10 天药味散尽即可使用。②每平方米苗床铺厚 7～10 厘米的床土，用 50% 多菌灵可湿性粉剂 4～5 克，加水溶解后喷洒床土。加水量依床土湿润情况而定，以喷药后不使床土过湿为宜。用药后苗床应密闭 2～3 天，充分通气药味散尽方可播种。③高温消毒。夏季高温季节，在棚室中将床土平摊 10 厘米厚，关闭所有通风口，中午温度可达 60℃，保持 7～10 天，可消灭床土中的部分病原菌。

4. 种子处理 包括选种晒种、浸种催芽以及种子消毒 3 个环节。

（1）选种晒种 选择籽粒饱满、乳黄色、有光泽、无虫蛀的种子，通常将辣椒种子倒入 5% 食盐水中，充分搅拌 3 分钟后再静置 2 分钟，除去上面的浮籽，将沉底的种子捞出，用清水洗净。然后将种子放到纸板或布垫上，在阳光下晒种 2～3 天。切忌将种子摊放在水泥地面等升温较快的地方暴晒，以免烫伤种子。

（2）浸种催芽 辣椒种子适宜采用温汤浸种法。具体方法是先将种子放在常温水中浸泡 15 分钟，后转入 50～55℃温水中，用水量为种子量的 5 倍左右。期间要不断搅动以使种子受热均匀，并及时补充热水使水温保持在 50～55℃范围 15～20 分钟。将水温降至 28～30℃继续浸种 8～12 小时。浸种结束，洗净种皮上的黏液，将种子从水中捞出，沥干水分，用湿润毛巾、纱布或麻袋布包好，放在 25～35℃条件下催芽，为保证苗壮而整齐，可进行变温催芽，即高低温交替催芽，通常采用每天在 30～35℃条件下处理 10 小时、20～25℃条件下处理 14 小时。催芽过程中每隔 4～5 小时翻动种子 1 次进行换气，并及时补充水分。当有 60%～80% 种子露白时停止催芽，等待播种。如不能立即播种，应将种子放于冷凉处（5～10℃）控芽，以免因芽过长播种时折断。

冬季把浸胀的种子用纱布包好，在0℃条件下冷冻处理2天，或将种子每天在1～5℃低温条件下放置12～18小时，反复进行数天，既可促进发芽，又可增强幼苗抗寒能力。

（3）**种子消毒** 预防炭疽病，可在播种前用50℃温水浸种30分钟，或用1.25%次氯酸钠溶液浸种30分钟消毒杀菌；预防立枯病菌，可用20%苯菌灵可湿性粉剂1克和20%福美双可湿性粉剂1克溶解于400毫升水中，配成0.1%混合液，按1克种子与1毫升混合液进行种子包衣；预防病毒病，可用10%磷酸钠溶液浸种30分钟，再将种子转移到新鲜的10%磷酸钠溶液中浸泡2小时，最后用流水冲洗45分钟，也可在5%盐酸溶液中浸种4～6小时，再用流水冲洗1小时；预防细菌性斑点病，可将2克种子浸于10毫升1.3%醋酸溶液中4小时（不断摇动），用水漂洗3次后，再将种子浸于1.25%次氯酸钠溶液中5分钟，最后用流水冲洗15分钟。

5. 播 种

（1）**播种时间** 辣椒播种育苗时间，一般根据定植期减去育苗天数来推算。辣椒露地栽培定植期必须在终霜过后，保护地栽培可提前。辣椒日历苗龄一般为70～90天，早熟品种取短限，中晚熟品种取长限。定植时，要求株高15～20厘米，早熟品种8～10片真叶展开，中晚熟品种12～14片真叶展开，幼苗现花蕾。生产中辣椒育苗的播种期还应依据当地的气候条件、不同栽培目的、品种特性、育苗设施条件进行调整。

（2）**播种方法** 播种应选择无风、晴朗的天气进行。苗床育苗时，播种前先在苗床铺营养土，并浇透水，使苗床6～10厘米土层湿润。待水渗完后撒上一层过筛的营养土（垫籽土），其厚度为0.2～0.3厘米。生产中多采用撒播，为防止种子粘连，可拌些干糠灰或干细土，可来回多撒几次。近年来，落水等距点播已开始应用，具体做法是先做一个等距划行器，待底水渗下后，用划行器在苗床内纵横双向分别划行，形成6.6～8.2厘米见方的方格，一般每个方格内播3～4粒种子，留双苗的每格播2～3粒种子，留单苗的每格播1～2粒种子。播种后均匀地覆盖一层1～1.5厘米厚的营养土，即"盖籽土"。覆盖土时宜从床一端依次撒土，使全床厚度一致，以利于出苗整齐。盖土后，用油纸或旧报纸覆盖，温度较低时在床面上盖一层地膜，以保湿保温；温度较高时应覆盖遮阳网遮阴降温。

6. 苗期管理

（1）**温度管理**　出苗前白天温度保持30℃左右、夜间18～20℃。80%出苗时揭去覆盖物，夜温低时可加盖草苫保温。幼苗出齐、子叶展开至真叶出现这段时间，白天温度降至20～25℃、夜间15～17℃。第一片真叶露尖后，白天温度保持25～28℃、夜间15～20℃。分苗前3～4天，加强通风，白天温度保持20～25℃、夜间10～15℃，对幼苗进行低温锻炼，增强抗性，以利于分苗后缓苗。

（2）**光照管理**　在保证适宜温度的条件下要早揭晚盖草苫，以增加光照时间，并保持玻璃或棚膜最大透光率。在温度较高的晴天，可揭开部分玻璃窗或棚膜，结合通风，使阳光直射苗床。连续阴天、光照不足，为防止徒长，要使苗床保持较低温度，尤其是夜间温度可降至10℃。

（3）**培土及水分管理**　播种后至分苗前苗床一般不浇水，需覆3～4次过筛的细湿土。通常在幼苗拱出时苗床出现裂缝，可覆一层细湿土；幼苗出齐、子叶充分展开时第二次覆土，以后视苗床土的湿度再覆1～2次土，每次覆土厚约0.5厘米，覆土选择晴天中午温度较高时进行。

在加温温室或电热温床育苗，温度高、蒸发量大，床土过干时可适当用细孔喷壶浇水，以使幼苗根须周围的土壤湿润为好。浇水宜在晴天进行，切忌在阴雨天和寒流来临前浇水，浇水时间以上午10时至下午3时为好，严寒季节以上午10～12时为好。苗床湿度过大时，晴天中午前后通风换气，阴雨天气可在苗床上撒干细土吸湿。

（4）**分苗** 辣椒分苗的最佳时期是 2 叶 1 心期，即播种后 33 天左右，播种较密分苗应早些；播种较稀可适当晚些，但最好在 3 片真叶前分苗，以免影响花芽分化。

分苗前 1 天，育苗床浇透水，即"起苗水"，起苗时尽可能少伤根、多带宿土。分苗应选晴朗无风天气的上午 9 时至下午 3 时进行，按株行距 10 厘米 × 10 厘米 1 穴 2 株栽植，2 株苗的大小及埋土深浅应一致，子叶露出地面，栽后浇水不宜太大。如在阳畦内分苗，应边分苗边用塑料薄膜盖严，以保温保湿，促进缓苗。也可分苗于营养钵中。以等距落水点播方式育苗的，苗距、苗量较大时可不分苗，采用间苗的方式，去掉弱苗、病苗即可。以营养钵或育苗盘方式育苗的不用分苗，应倒钵加大苗间距。

分苗后，白天温度保持 25～30℃、夜间 18～20℃，地温 18～20℃。7 天后开始发根、长新叶，应通风降温防徒长，白天温度保持 20～25℃、夜间 15℃左右，地温 16～18℃。定植前 10～15 天开始炼苗，加强通风降温，白天温度保持 15～25℃、夜间 5～15℃。定植前 5～7 天，将棚膜或门窗全揭开，使幼苗适应露地生态环境。

（5）**养分管理** 苗床施肥应以基肥为主，控制追肥，特别是在分苗之前，一般不追肥。幼苗出现缺肥症状时应追肥，一般用充分腐熟人粪尿 10～20 倍液浇施。淋在幼苗茎叶上的粪液应随即用清水洗掉，同时开窗、揭膜通风，避免秧苗受毒害。分苗床在定植前 15～20 天追肥 1 次，追肥后及时中耕。也可叶面喷施 0.1%～0.2% 尿素或磷酸二氢钾溶液。

（6）**囤苗** 采用苗床分苗的辣椒幼苗，需在定植前进行囤苗，即在定植前 4～6 天，先在苗床内充分浇水，浇水后第二天切坨起苗，将带土坨的幼苗整齐码入苗床，土坨间的缝隙用细土填充，周围用湿土围封，防止水分蒸发。采用营养土方育苗，在分苗缓苗后，应根据幼苗生长情况进行切方搬苗，将大苗搬到温室南部温度稍低的地方，将小苗搬到温室北部温度稍高的地方，以消除局部温差对幼苗生长的影响，使幼苗生长整齐一致。搬苗时，土方要码放整齐，土方间的缝隙要用细土填充，以利于保温保墒。搬苗一般进行 2～3 次，每次搬苗后都要浇水，并适当提高苗床温度。采用营养钵育苗，需根据幼苗生长情况随时将大、小苗的位置对调，使幼苗生长整齐一致。

（三）夏茬辣椒露地栽培

夏茬辣椒在北方秋淡季蔬菜供应中占有重要地位，也是北菜南运的重要蔬菜之一。该茬辣椒的盛果期正值 8～10 月份，光照充足，易取得丰产。

1. 品种选择 甜椒生产宜选用农大 40 号、农发、牟农 1 号、湘研 14 号、茄门、哈椒 1 号等品种。干椒生产宜选用线椒 8819、陕椒 2001、天线 3 号、新椒 4 号、石线 2 号、湘辣 2 号等品种。

2. 整地定植

（1）整地施肥 每亩施腐熟农家肥 4 000～5 000 千克、过磷酸钙 40 千克、碳酸氢铵 80 千克、硫酸钾 20 千克作基肥，深耕细耙。每亩用 40% 辛硫磷乳油 500 克，加水稀释成 800 倍液，喷施土壤防治地下害虫。按垄距 90 厘米、垄基宽 60 厘米、垄沟宽 30 厘米、垄高 15 厘米做栽培垄。夏季采用高垄栽培有利于防止水淹。

（2）适时定植 辣椒定植的生理适期为显蕾期，定植应在晚霜过后、10 厘米地温稳定在 13℃ 以上时进行，在适宜条件下应尽早定植，使辣椒在高温季节来临前提早封垄，以减少病害的发生，提高产量和品质，同时利于早上市。华北地区一般在 5 月上中旬，平均气温达到 12～15℃ 时定植。

移栽前 1～2 天，轻浇 1 次起苗水，以便起苗，并可防止移栽运输中秧苗严重失水。为减少起苗和移栽中根系的损伤和保护根系，应带土坨定植，栽植等操作过程中应尽可能地保持土坨的完整，以利于缓苗。

3. 田间管理

（1）**覆草**　在辣椒封行前可在辣椒畦表覆盖一层稻草或农作物秸秆等，其厚度一般为3～4厘米。这样，不但可降低土壤温度，减少地面水分蒸发，起到保水保肥的作用；还可防止杂草丛生，减少浇水对畦面表土的冲刷，防止土表板结。

（2）**肥水管理**　定植缓苗后立即追肥浇水，每亩可随水冲施腐熟人粪尿1500千克或尿素15千克。至开花结果前，适当控水，做到地面见湿见干。正常年份掌握不见门果不浇水的原则，防止营养生长过旺，引起落花落果。干旱年份，应提前到显蕾前后浇水，每次浇水后应中耕松土，破除土壤板结。开花结果期，适当浇水，保持地面湿润。门椒坐住后，植株进入营养生长与生殖生长同步进行的生育旺盛时期，应加强肥水管理，重施攻果肥，每亩可施三元复合肥25千克。7～8月份温度高，浇水要在早、晚进行。进入雨季后，要根据天气预报掌握浇水，防止浇后遇雨；遇有降大雨田间出现积水时要及时排水。高温多雨的夏季过后（华北地区常在8月初）重施返秧肥，每亩可施氮肥30千克，以促进缓秧，防止植株早衰，迎接第二次结果高峰。秋季气温凉爽、日光充足，是辣椒第二次开花坐果高峰期，要加强肥水管理，一般每7～8天浇1次水，每浇1～2次清水追1次肥，每次每亩可追施硫酸铵10～15千克。干椒在果实红熟期，应适当控水，秋雨较多的年份和地区应停止浇水，并注意排涝；干旱时进行隔行轻度浇水。越夏期及生长后期还可进行叶面追肥，盛果期可喷施0.2%尿素和0.2%磷酸二氢钾溶液，以促进果实膨大。

（3）**植株调整**　为防止侧枝生长过快影响主枝上开花结果，同时改善通风透光条件，生产中常将门椒以下的叶片和侧枝全部打掉。门椒以下主茎上的叶片，常在门椒坐住后，选择晴天上午露水过后抹除；门椒以下主茎上的侧枝，宜在侧芽长到3厘米以前抹除。具体实施时,打杈和摘叶可同时进行。有些辣椒品种具有无限生长习性,立秋后所结果实大多无法成熟,所以在生长后期应打掉株冠上枝条的顶梢。

(4)**保花保果** 有30%植株开花时,需用20～30毫克/千克防落素溶液涂抹花或喷花,每3～5天处理1次,注意喷花时不要把药液喷到茎叶上。花期喷0.2%磷酸二氢钾溶液,也有较好的保花保果作用。

(5)**肥水管理** 浇水宜采取勤浇、轻浇的方法,一般在傍晚进行。雨季要疏通排水沟,雨后及时排除积水。尤其是暴晴天后骤然降雨,或久雨后暴晴,易造成土壤空气缺少,引起植株萎蔫。因此,雨后要及时浇清水,并随浇随排,以利于降低地温,增加土壤通气性,防止根系受到高温和缺氧的影响。

雨季土壤养分淋失较多,故在7月上中旬应重施1次肥,每亩可施硫酸铵20～25千克,同时注意及时清除田间杂草。越夏期间应经常进行叶面追肥,以利于恢复植株生长,延长叶片寿命,促进根系生长。

(6)**适时采收** 甜椒一般食用青果,从开花到采收青果(达到食用成熟)为25～30天,果实深绿色且有光泽即可采收。辣椒是陆续开花结果蔬菜,要分次、分批采收,门椒等下层果实宜早采收,前期植株生长较弱和生长势较弱的品种也宜早采收,以免果实赘秧而影响上层坐果和上层果实的发育。

制干辣椒须在果实完全红熟而没有干缩变软时采收,成熟一批采收一批。在秋霜到来或拔秧前10～15天,用40%乙烯利水剂700～800倍液喷洒全株催熟,可提高红果率。

(四)设施辣椒栽培

1. 中小拱棚早春茬栽培 该茬辣椒栽培具有投资小、早熟、经济效益显著等特点,生产中种植面积较大。中小拱棚常在定植前临时建造,定植初期进行覆盖,保温效果略差,比大棚辣椒晚上市 30 天左右，比露地辣椒早上市 15～20 天，增产 40% 左右。中小拱棚建材可用细竹竿、毛竹片、荆条、直径 6～8 毫米的细钢筋，建造方便，造价低，还可移动换茬。

（1）**品种选择**　春季中小棚生产宜选择较耐低温、抗病性强的早熟和中早熟品种。甜椒可选用海丰 5 号、甜杂 6 号，中椒 7 号等品种；辣椒可选用湘研 19 号、中椒 10 号、京辣 4 号等品种。

（2）**整地施基肥**　该茬辣椒多采用冬闲地，一般要求上茬作物收获后，清除残枝杂草，深翻冻垡。翌年春季，土壤解冻后进行整地。结合整地每亩施优质农家肥 5 000 千克、过磷酸钙 50 千克或磷酸二铵 30 千克、三元复合肥 40 千克、钾肥 20 千克。先将 2/3 的有机肥均匀撒施于地面。深翻，整平后做畦时将剩余 1/3 有机肥按行距集中施入。也有的地方在冬季深翻前施有机肥。根据棚内结构做畦，可做成宽 1.2 米的平畦，也可做成畦高 15～20 厘米、畦面宽 70 厘米、畦沟宽 50 厘米的高垄。有条件的地方可在平畦或垄面覆盖地膜，春季中小拱棚覆盖地膜比露地温度可提高 2～4℃。采用小高畦地膜覆盖栽培，需提前覆盖地膜，以烤地增温。

（3）**定植**　采用育苗移栽。当苗高达 20 厘米左右、茎粗 0.3～0.5 厘米、9～11 片叶、80% 苗显蕾时即可定植。定植时要求棚内 10 厘米地温不低于 13℃，夜间最低气温不低于 5℃。单株定植的株距为 25 厘米，双株定植的株距为 33 厘米。定植时间为 3 月中下旬，定植前 2 周搭建拱棚。辣椒中小棚覆盖栽培多采用单穴双株栽培，一般选晴天定植，边栽植边扣棚。下午 4 时以后最好不栽植。

（4）**田间管理**

①温湿度管理　缓苗期外界温度较低，管理上以升温保温、促进缓苗和生长为主。定植后的 5～7 天内基本不通风，夜间盖严草苫保温，白天温度保持 28～35℃、夜间 17℃左右。缓苗后，

根据棚内温度情况开始逐渐通风，白天温度降至 28～30℃、夜间 16℃。小棚通风开始由两侧斜对通底风，然后再从两头通风；中棚多为两头通风，先由一端通风，逐渐变为两端通风。为使中棚上部热气散出而又不致通风口处秧苗受低温影响，可以在通风口下部地面上用塑料膜做高 30 厘米左右的挡风墙，使热气从上部散出。之后白天温度保持 25～27℃、夜间不低于 15℃。当外界气温稳定在 12～15℃时夜间不盖草苫，并可昼夜通风，当外界气温适宜时拆除覆盖。

适宜甜椒坐果的空气相对湿度为 50%～60%，特别是生长前期，高温高湿易造成门椒坐不住，所以缓苗后在保证生长适温的情况下要加强通风降湿。

②肥水管理　定植水不宜过多，定植后 5～7 天即缓苗后浇 1 次缓苗水（如果定植水浇得足，又采用地膜覆盖，可不浇缓苗水）。之后连续中耕 2 次，进行控水蹲苗。在门椒坐住前不宜浇水，到门椒坐住后果实长到直径 3～4 厘米时开始浇水，结束蹲苗。4 月份开始进入采收期，此期气温逐渐升高，水分损失较大，要加强肥水管理。结束蹲苗时结合浇水施催果肥，每亩可施尿素 10～20 千克。结果前期每 8～10 天浇 1 次水，盛果期每 5 天左右浇 1 次水，隔 1 次水追 1 次肥，每次每亩追施尿素 6～8 千克、硫酸钾或腐殖酸配方肥 14～18 千克，同时可结合喷药进行叶面施肥。

③植株调整　及时整枝打杈，摘除下部老叶；根据植株生长状况，适时早收门椒和对椒，保持植株有较旺盛的生长势。植株下部（门椒以下）的老叶和侧枝均应及时打去，以改善通风透光条件。

2. 大棚辣椒春提早栽培　此茬辣椒可比露地栽培提早 20～30 天上市，价格高 1～2 倍。

（1）品种选择　选择早熟性好、株型紧凑、适于密植、耐低温弱光照又耐热、抗病性强、经济效益好的品种。目前生产中适宜的甜椒品种有农乐、甜杂 3 号、甜杂 6 号、中椒 5 号、中椒 7 号、京甜 3 号、开椒 6 号等；牛角形和羊角形品种有中椒 10 号、洛椒 4 号、沈椒 6 号、湘研 19 号、海丰 23 号、京辣 4 号等。

（2）**适期播种**　一般采用温室育苗。适当早播育大苗，苗龄 80～100 天，幼苗显花蕾、株高 20 厘米左右、12～15 片叶、茎粗 0.4～0.5 厘米时即可定植。

（3）**适时定植**　定植时要求大棚 10 厘米地温不低于 15℃，夜间最低气温不低于 5℃，并稳定 1 周左右。长江流域多在 3 月上旬定植，华北等地一般在 3 月中下旬至 4 月上旬定植，东北、西北等地常在 4 月下旬至 5 月上旬定植。定植应选择晴天进行，可畦栽或沟栽，定植后立即浇水。最好采用宽窄行垄栽，即宽行距 66 厘米、窄行距 33 厘米、穴距 30～33 厘米，每穴 1 株，每亩栽植 4 000 株左右。

（4）**田间管理**

①温湿度管理　定植初期大棚管理以升温保温为主，促进缓苗和生长。刚定植的 5～6 天内密闭大棚，夜间棚外四周围草苫保温防寒，棚温白天保持 28～30℃，不超过 35℃不通风，夜间温度保持 18～20℃。缓苗后白天温度降至 20～28℃，超过 30℃必须通风，夜间温度以 16℃为宜。适宜辣椒坐果的空气相对湿度为 50%～60%，高温高湿通常导致甜椒的门椒坐不住果，并加剧植株徒长，生产中在保证温度的条件下应加强通风，降低棚内温湿度。辣椒开花坐果的适宜温度为 20～25℃，开花坐果盛期外界气温逐渐升高，要有较大的通风量和较长的通风时间。当外界气温夜间达到 15℃以上时，应昼夜通风。进入炎夏高温季节，可将塑料薄膜揭去或四周掀起。如长江流域在 5 月中下旬可全部撤除薄膜；东北、西北及华北等地，夏季较凉爽，6 月中旬将大棚四周薄膜掀起，使之呈天棚状，进行越夏栽培。

②肥水管理　辣椒定植初期应适当控水，以协调营养生长与生殖生长的关系，促进早结果。由于大棚内水分蒸发量比露

地小，地膜覆盖使水分蒸发量更小，故定植时浇水量不宜太多，以免地温过低，影响缓苗。定植4～5天后再浇1次缓苗水。大棚内地膜覆盖的第二次浇水一般在第一次浇水后的20天左右进行；无地膜覆盖的土壤干旱时可浇1次水，但要深中耕，之后进行蹲苗。待绝大多数植株门椒坐住、果实直径4厘米以上时结束蹲苗，每亩结合浇水施硫酸铵或尿素10～20千克。以后根据天气和植株生长情况浇水，保持土壤湿润。结果前期隔1次水追1次肥，每次每亩可追施尿素10千克、过磷酸钙20千克或三元复合肥15千克。盛果期更不能缺肥，还可结合喷药用0.3%～0.5%磷酸二氢钾溶液进行叶面施肥。外界气温较高时，蒸发量大，一般隔6～7天浇1次水。撤膜前浇1次大水，向露地栽培过渡。

③光照管理　辣椒春提早塑料大棚栽培，塑料膜在起到保温作用的同时，减弱了一定的光量，棚内光照往往不足。因此，在温度得到保证的前提下，尽可能白天早揭膜，中午加大揭膜量，夜间延迟盖膜；棚膜上尘埃要经常扫除，内膜上的水汽每天要擦2～3次，以加大透光率和透光度。夏季高温季节，可以采用废旧编织袋、竹苫、遮阳网等方法进行遮阴，在减轻光照强度的同时可降低大棚内的温度，使辣椒继续健壮生长。

④植株调整　一般在门椒坐住后，将分杈以下的叶和枝条全部除去，以使上部多结果；生长中期及时打去底部老叶、黄叶和细弱侧枝，以利于通风透光，减少病害发生。植株调整宜选择晴天进行，以利于伤口愈合。有的品种会发生倒伏现象，要及时在行间设简单支架绑缚支撑。炎夏过后，结果已到上层，结果部位远离主茎，果实营养状况恶化，植株趋向衰老。此时，要对植株修剪更新，方法是在天气冷凉前20天左右，对植株多次打顶掐尖，避免发出新的花蕾，促使其下部侧枝及早萌出。修剪时从第三层果（四门斗）果枝的第二节前4.5～6厘米处短截，弱枝宜重，壮枝宜轻，修剪后使叶面积减少3/4左右。修剪一般于上午9时进行，以利伤口能在当天愈合。修剪后可喷70%甲基硫菌灵

可湿性粉剂 1 000～1 200 倍液防治病菌感染，并加强肥水管理，以促进新枝生长和开花坐果。

⑤保花保果　在辣椒初花期，每亩用甲哌鎓可溶性粉剂 5 克加水 50 升，均匀喷洒植株 1～2 次，可降低株高，促进坐果，增加前期产量和总产量。在开花期每隔 1 周喷 1 次 20～50 毫克/千克萘乙酸溶液，可防止落花落果，提高前期产量。用 15～20 毫克/千克 2, 4-D 溶液蘸花，一般进行 4～5 次，既可提高坐果率，又可加速果实的生长和成熟。采用植物生长调节剂处理后，应加强肥水管理，促进果实生长发育。用 2, 4-D 等药剂处理，易使果实畸形，生产中应严格掌握用药浓度和方法。

⑥适时采收　辣椒开花后 25～35 天即可收获青果。采收要及时，特别是门椒、对椒及时采收，既可增加收入，又可防止赘秧。

3. 日光温室辣椒越冬一大茬栽培　该茬辣椒是指在日光温室设施栽培条件下，秋季播种，春节前后开始供应市场，一直可采收至翌年 6 月份的辣椒栽培模式。

（1）品种选择　该茬辣椒宜选用耐低温弱光、抗病性强、早熟丰产的优良品种，如津椒 3 号、洛椒 6 号、辽椒 6 号、陇椒 1 号、绿丰、湘研 4 号、湘研 11 号、苏椒 5 号等。

（2）适期播种　辣椒越冬一大茬栽培，要求在入冬前开花坐稳果。京津地区、河北中南部、陕西西安等地 8 月下旬至 9 月上旬播种育苗，辽宁南部地区 8 月中下旬播种育苗，兰州等地 7 月中旬播种育苗。播种过早，高温多雨，易发生病虫害；播种过晚，正值严冬时开花，不易坐果。育苗前期可适当遮阴防雨，后期逐渐去除遮阳物。日历苗龄 45 天，幼苗带蕾定植。

（3）适时定植　此茬辣椒生长期长、需肥量大，应多施深施有机肥，少施速效肥。一般每亩施充分腐熟有机肥 8 000～10 000 千克、过磷酸钙 100 千克、硫酸钾 20～30 千克、饼肥 150～200 千克，可采取地面普施和开沟集中施相结合的方法。

结合施肥深翻地 25 厘米以上，整地起垄，常规栽培按 60 厘米×40 厘米的大小行距起垄；长短期相结合的栽培方式，则按 40 厘米行距起垄，垄高 20 厘米。大行距垄间留一深 20 厘米的灌溉渠，用于冬季膜下暗灌。常规起垄栽培的，每垄栽 2 行，垄内行距 40 厘米，垄间行距 60 厘米，穴距 25 厘米，每穴栽 2 株。长短期相结合栽培的，按 2 个主行垄、1 个副行垄的方式栽培，主行垄用于长期栽培，按 40 厘米间距开穴，每穴 1 株；副行垄用作短期栽培，按 30 厘米开穴，每穴栽 2 株，定植顺序是先栽副行、后栽主行。栽植时先穴内浇水，后栽苗覆土，全室栽完后顺沟浇大水。

（4）田间管理

①肥水管理　定植时浇足定植水和缓苗水，然后适当控制浇水，促进坐果。在第一层果坐住、有 2～3 厘米大小时及时浇水，并随水追施催果肥，每亩可施尿素 15 千克或硫酸铵 20 千克，可膜下暗灌。对椒坐住后，结合浇水，进行第二次追肥，每亩随水冲施尿素 20 千克或硫酸钾 10 千克。12 月下旬至翌年 2 月中下旬为低温弱光期，如不特别干旱，要少浇水，可 15 天左右浇 1 次水，冬季浇水可选择连续晴天的"暖头"进行。开春后，温光条件转好，一般每周浇水 1 次，隔 1 水追 1 次肥，每亩每次追施尿素 15 千克左右，同时每隔 1～2 周进行 1 次叶面喷肥，可用 0.2% 磷酸二氢钾或 0.2% 尿素溶液，或复合微肥 500 倍液。

②光照管理　严冬时节光照时间短、光照强度弱，室内光照往往难以满足辣椒生长的需要，所以增加光照强度是增产的重要措施。增加光照强度的措施：一是要选用透光率高的聚氯乙烯无滴膜，每天揭苫后及时清扫膜面的草屑和灰尘。二是在温室后墙处张挂反光幕，并不断调整张挂高度和角度，保持最好的反光效果。三是在保证温度的前提下，尽可能早揭晚盖草苫，以延长光照时间。阴天、雪天也要正常揭苫。

③温度管理　定植后 5～6 天，白天温度保持 28～30℃、夜间 18～20℃，不超过 35℃不通风，以利缓苗；超过 35℃时从屋

脊部打开通风口。心叶开始生长表明已缓苗成活，应进行通风降温，白天温度保持 25～28℃、夜间 17℃左右，以利花芽分化。以后随着外界温度降低，逐步减少通风量，缩短通风时间。进入 11 月份，外界气温低于 0℃时，夜间加盖草苫保温，白天温度保持 25℃以上、夜间 15℃以上。进入 12 月份后，外界气温更低，一般只在中午短时通风，夜间注意防冻。翌年 1 月份应采取增温措施，室内加一层保温幕（也叫二道幕），恶劣天气可采取临时加温设备加温，使室内温度不低于 13℃。3 月中旬以后，要注意通风防高温，特别是夜间高温会使植株衰弱，病害加重，造成减产。

④补施二氧化碳气肥　冬季低温季节，为了保温，温室常处于相对密闭状态，日出后随着植株光合作用的增加，温室内二氧化碳浓度下降很快，远远不能满足辣椒光合作用的需要，因此需补施二氧化碳气肥。一般在开花结果期施用二氧化碳气肥效果较好。每天上午拉开不透明覆盖物后 0.5～1 小时开始，通风前 0.5～1 小时停止，追施二氧化碳气肥 2～3 小时，1 天施 1 次。二氧化碳浓度冬季为 800～1000 微升/升，春季为 1200 微升/升，阴天浓度可降低 1/2，雨天不施用。

二氧化碳施肥方法：一是有机物发酵产生二氧化碳。在温室的地面铺一些碎稻草或麦糠等有机物，经微生物分解产生二氧化碳。二是燃烧法产生二氧化碳。采用天然气灯、白煤油等二氧化碳发生器补施。三是化学反应产生二氧化碳法（常用）。目前主要采用碳酸氢铵和硫酸反应产生二氧化碳，一般每亩均匀悬挂 30～50 个塑料容器，高度 20～100 厘米（与植株生长点平行）。使用前先将浓硫酸按水：酸＝3：1 进行稀释，田间施放时先定量放好硫酸溶液，再将碳酸氢铵加入硫酸中。四是液态二氧化碳直接释放法。可采用酿造和酒精工业的副产品液态二氧化碳，经压缩装在钢瓶等容器内，在保护地内直接释放或经管道释放。

⑤植株调整　日光温室越冬一大茬辣椒生育期长，植株高

大，若按传统的不整枝管理，不易保持植株长期旺盛的生长势，影响产量和质量。生产中要及时打去门椒以下的侧枝和老叶，对相互拥挤的枝条及时疏剪。徒长枝（节间超过 6 厘米）应尽早剪掉。由于植株高大，为防止倒伏，可用塑料绳引枝牵引枝条。

⑥保花保果　辣椒开花期温度低、光照弱，容易落花落蕾，还会造成疯秧，不利上层坐果。目前，生产中常用 25～30 毫克/千克防落素溶液喷花，进行保花保果。

4. 日光温室辣椒冬春茬栽培　一般在 7 月中下旬播种育苗，9 月上中旬定植，12 月上旬开始采收。

（1）品种选择　应选择耐低温、抗病、丰产的早熟品种。甜椒可选用中椒 3 号、中椒 5 号、中椒 7 号、农乐、甜杂 1 号、甜杂 3 号、甜杂 6 号、农大 6 号、农大 8 号、津椒 2 号、洛椒 1 号、洛杂 1 号、哈椒 4 号等品种；辣椒可选用中椒 6 号、湘研 1 号、湘研 2 号、湘研 4 号、湘研 11 号、农大 21 号、津椒 3 号、绿丰、陇椒 1 号、洛椒 6 号、辽椒 6 号、沈椒 4 号、苏椒 5 号等品种。

（2）适期播种　育苗时要适当早播，华北地区一般在 11 月初至 12 月初温室（加温）播种育苗。苗龄一般为 80～100 天，结合电热温床育苗可缩短至 70～75 天，采用穴盘进行工厂化育苗只需 65 天左右。

（3）适时定植　定植前 20～30 天扣好棚膜。冬春茬辣椒生长采收期较长，应充分施足基肥，每亩可施优质有机肥 6 000 千克以上，先将 2/3 的有机肥均匀撒施地面，深翻整平；剩余 1/3 的有机肥按行距集中施入，并混入磷酸二铵 50 千克。按 60 厘米、40 厘米的大小行整地起垄，并覆盖地膜。定植时要求幼苗株高 20 厘米左右、具 10 片叶以上、茎粗 0.4～0.5 厘米，70%～80% 的幼苗已显花蕾，温室 10 厘米地温不低于 10℃。定植应选择连续晴天的上午进行。

（4）田间管理

①肥水管理　定植后 5～7 天辣椒缓苗后，根据墒情膜下

浇 1 次缓苗水，然后进行控水蹲苗。为防止植株徒长引起落花落果，门椒坐住前不宜浇水追肥。门椒坐住后、果实长到直径 3～4 厘米大小时，选晴天浇 1 次透水，并随水每亩追施硫酸铵或尿素 15～20 千克、硫酸钾 8～10 千克，或三元复合肥 30 千克。以后每 15～20 天浇 1 次水，小水勤浇，保持地面湿润。进入结果期，气温升高，一般每 5～7 天浇 1 次水，间隔 2～3 次水追 1 次肥，共追肥 3～4 次，每次每亩随水冲施磷酸二铵 10 千克或尿素 10 千克。结果盛期每 5～7 天叶面喷施 1 次 0.3% 磷酸二氢钾溶液。

②光照管理　冬季光照时间短、光照强度弱，要选用透光率高的聚氯乙烯无滴膜。每天揭苫后及时清扫膜面的草屑和灰尘，增加透光率。在保证温度的前提下，尽可能早揭晚盖草苫，以延长光照时间。

③温度管理　刚定植时外界气温低，应密闭保温，白天温度保持 30℃，若秧苗出现萎蔫，可采用回苫的方法遮阴降温，秧苗恢复后再揭苫。1 周后，秧苗心叶开始生长，新根已发生，表明缓苗结束。为防止秧苗徒长，应适当降温，白天温度保持 25～28℃，超过 30℃通风；夜间温度保持 16～18℃，不能超过 20℃。开花期外界气温已回升，应加大通风量，白天温度保持 25～27℃、夜间不低于 15℃。当外界气温稳定在 18℃时，可将薄膜卷起，固定在温室前横梁上。炎夏季节，为防止高温危害和出现果实日灼，可将棚膜进一步上卷，使之呈天棚状，并打开后墙的通风窗，加强通风降温。有条件的还可在棚上覆盖遮阳网进行遮阴降温。

④补施二氧化碳气肥　二氧化碳气肥的施用时期，从定植缓苗后开始，一直到采收结束。每天上午拉开不透明覆盖物后 0.5～1 小时开始，通风前 0.5～1 小时停止，1 天施放 1 次，每次 2～3 小时。

⑤植株调整　辣椒一般不进行整枝打杈，但温室栽培生长势

较旺，植株高大，为防止倒伏、利于通风透光和管理作业，可用塑料绳吊枝。进入采收盛期，枝叶郁闭，行间通风透光差时应进行整枝，及时将二杈和三杈下的小杈去掉，主、侧枝上的次级侧枝所结幼果直径达 3 厘米时可根据长势留 4～6 片叶摘心。中后期长出的徒长枝应及时摘除，老叶、病叶也要摘除。

⑥保花保果　辣椒开花初期温度低、光照弱，容易引起落花落蕾，也会引起疯秧，不利上层坐果，生产中常用 25～30 毫克/千克防落素溶液喷花。

5. 日光温室辣椒秋冬茬栽培　该茬辣椒从 11 月初开始采收，供应期在深冬季节，且可贮藏以陆续上市，经济效益较好。日光温室秋冬茬辣椒前期高温强光，后期温度逐渐降低、光照变弱，普通日光温室在结构性能上基本能够满足对温度的需要。

（1）品种选择　应选择苗期耐高温、抗病毒、低温条件下果实发育良好的中晚熟品种。甜椒可选用中椒 3 号、中椒 5 号、中椒 7 号、中椒 8 号、同丰 16、哈椒 4 号、茄门等品种；辣椒可选用中椒 6 号、陇椒 1 号、湘研 6 号、苏椒 5 号、苏椒 6 号等品种。

（2）适期播种　华北地区一般在 7 月中旬播种育苗。秋冬茬辣椒育苗时正值高温多雨季节，所以育苗的关键技术是防高温、防雨、防病毒病、防蚜虫（即"四防"）。采取遮阴防雨措施是培育壮苗的主要环节。

（3）适时定植　定植前结合整地每亩施优质有机肥 5 000 千克。将 2/3 有机肥均匀撒施地面，深翻整平；剩余 1/3 有机肥按行距集中施入，并混入磷酸二铵 30 千克、硫酸钾 15 千克。按 60 厘米×40 厘米的大小行距起垄，垄高 20 厘米。大行距垄间留 1 个深 20 厘米的灌溉渠，用于冬季膜下暗灌。

此茬辣椒定植时正值高温高湿季节，病虫害繁衍较快，最好在定植前进行高温闷棚消毒。方法是关闭所有通风口，使温室温度上升至 50℃以上，并保持 5 天左右。闷棚后 2～3 天将土壤深翻1遍，然后再次高温闷棚2～3天。

定植时苗龄不宜太大，一般为30～40天、具6～8片叶、苗高15厘米左右。华北等地一般在8月中下旬至9月初定植，此期温度高、阳光强，应选择阴天或下午定植。定植后将温室前后的棚膜掀开，并覆盖遮阳网或其他遮阳物，形成通风而凉爽的条件。定植时尽量多带土少伤根，在垄上按25厘米株距开穴，每穴栽2株，随定植随浇水，最后顺沟浇大水。

（4）田间管理

①肥水管理　定植时浇足定植水，定植后5天左右及时浇缓苗水，并进行中耕保墒。如果地温过高，可采用在行间覆盖稻壳、稻草等方法降低地温。大雨后及时排水防涝。定植后20多天植株开始开花，要加强通风透光管理，促进坐果。定植后1个月左右门椒坐住后浇1次催果水，结合浇水每亩追施尿素20千克，浇水后及时通风排湿。此期温度已开始下降，正值辣椒生长适期，可每15～20天追肥1次。天气转凉后，应减少浇水次数，以保持土壤湿润为宜。

②光照管理　每天早揭晚盖草苫，以延长光照时间；揭苫后及时清扫膜面的草屑和灰尘，增加透光率。

③温度管理　定植初期外界温度较高，可昼夜通风，白天温度保持25℃左右、夜间20℃以下。随着外界气温下降，逐渐缩小通风量和通风时间。进入10月份温度进一步降低，当外界气温下降至15℃以下时，夜间需将全棚扣严，进行保温，只在白天通风。随着温度的下降可只在中午通风，以后逐渐昼夜不通风，白天温度保持25℃左右、夜间不低于16℃。到了10月中下旬，外界气温急剧下降，棚内最低气温下降至15℃以下时，夜间开始覆盖不透明覆盖物，白天温度保持25～28℃、夜间15～18℃。

④植株调整　秋冬茬甜辣椒生长期温度高、湿度大，植株旺盛，茎较细软，有的品种会发生倒伏现象，要及时进行培土，

同时在行间设简单支架绑缚。植株下部的老叶和细弱侧枝应及时打去。

⑤保花保果　生长前期应加强温度管理，特别是夜间温度不能太高，最好控制在 20℃ 以下，否则易出现落花落果现象。生长后期遇严寒季节，温度偏低，光照较弱，也易引起落花落果，应采取增温补光措施。也可用 25～30 毫克 / 千克防落素溶液喷花，进行保花保果。

（五）病虫害防治

1. 主要病害

（1）猝倒病　多在幼苗长 1～2 片真叶前发生，3 片真叶后较少发病。发病初茎基部呈黄绿色水渍状，后很快转为黄褐色并绕茎一周。病部组织腐烂干枯且凹陷缢缩。水渍状自下而上扩展，幼苗倒伏于地。开始时只有少数幼苗发病，几天后以此为中心逐渐向外扩展蔓延，最后引起幼苗成片倒伏死亡。地温较低时发病迅速，土壤湿度高、光照不足、幼苗长势弱易发病。

防治方法：①苗床应选择地势高燥、背风向阳、排灌方便、土壤肥沃、透气性好的无病地块，施用腐熟农家肥。②播前苗床要充分翻晒，旧苗床应进行土壤处理。每平方米苗床可用 50% 多菌灵可湿性粉剂 8～10 克与细土 5 千克混合均匀，取 1/3 药土作垫层，播种后将其余 2/3 药土作为覆盖层。③种子消毒。用 40% 甲醛 100 倍液浸种 30 分钟，冲洗干净后催芽播种。④实行 2～3 年轮作，覆盖地膜，减少侵染机会；苗床土壤温度保持 16℃ 以上，气温保持 20～30℃；出齐苗后注意通风，加强中耕松土，防止苗床湿度过大。增加光照，促进秧苗健壮生长；发现病株及时拔除，防止病害蔓延。⑤药剂防治。发病初期用 4% 嘧啶核苷类抗生素水剂（瓜菜烟草型）500～600 倍液，或 75% 百菌清可湿性粉剂 800 倍液，或 50% 多菌灵可湿性粉剂 600 倍液，或 70% 代森锌可湿性粉剂 500 倍液喷施，每 7 天喷 1 次，连喷 2～

3 次。

（2）**立枯病** 立枯病是辣椒苗期经常发生的病害，种子出土后的稍大幼苗易发病。幼苗茎基部产生椭圆形褐色斑，逐渐凹陷，并向四面扩展，最后绕茎基一周，造成病部收缩、干枯。病苗初呈萎蔫状，随之逐渐枯死，枯死病苗多立而不倒，故称之为立枯病。湿度大时病部常长有稀疏的淡褐色蛛丝状霉。

防治方法：①加强苗床管理，注意合理通风，防止苗床或育苗盘出现高温高湿现象。②床土消毒，每平方米苗床用 50% 硫菌灵可湿性粉剂 8～10 克与 5 千克细土混匀，1/3 药土作垫层，2/3 播种后盖种。③苗期喷洒 0.1%～0.2% 磷酸二氢钾溶液，可增强抗病力。④一旦发病可用 5% 井冈霉素水剂 1 500 倍液，或 70% 甲基硫菌灵可湿性粉剂 800 倍液，或 15% 噁霉灵可湿性粉剂 500 倍液喷施。

（3）**疫病** 疫病是辣椒最重要的病害，常引起大面积死株，一般田块死株率达 20%～30%，严重的可造成毁灭性损失。该病在辣椒全生育期均可发生，以成株期受害最重。幼苗期受害，茎基部呈水渍状暗绿色病斑，后形成梭形大斑，病部软腐致使幼苗折倒。成株受害，在茎基部和枝杈处产生水渍状暗绿色病斑，逐渐扩大成为长条形黑色病斑，病斑部位皮层腐烂，可绕茎一周，发病部位以上的叶片由下而上枯萎死亡。叶片受害病斑呈暗绿色不规则形水渍状，扩展后叶片枯缩脱落，出现秃枝。果实受害多由蒂部发病，最初出现暗绿色水渍状稍凹陷病斑，病斑扩大后全果腐烂脱落。

防治方法：①实行 3 年以上轮作，与玉米、大豆、十字花科蔬菜及葱、蒜类蔬菜进行倒茬。②定植前用 25% 甲霜灵可湿性粉剂 500 倍液浸泡幼苗根 10～15 分钟，或栽植时每穴浇灌 50～60 毫升药水"坐窝"。也可结合整地每亩用 64% 噁霜·锰锌 130～170 克拌干细土撒施于土壤，杀灭土壤中病菌。③加强栽培管理，促进植株健壮生长，提高抗病能力。严禁大水漫灌，有条件的可实行渗灌，尽量避免植株基部触水。后期遇连阴雨或暴雨时要及时排水，防止田间积水。尽量减少人为机械创伤，避免造成伤口。④发病始期及时拔除中心病株，收获后彻底清理残枝落叶，集中销毁。⑤药剂防治。发病初期选用 25％甲霜灵可湿性粉剂或 64％噁霜·锰锌可湿性粉剂 500 倍液灌根 2～3 次，间隔期 5～7 天。也可进行喷雾防治，每隔 7～10 天喷 1 次，连喷 2～3 次。

（4）**青枯病**　又名细菌性枯萎病，一般在辣椒开花期表现症状。发病初期自植株顶部叶片开始萎垂，或个别分枝上的少数叶片萎蔫，后扩展至全株萎蔫，初时白天萎蔫，早、晚可恢复正常，后期不再恢复而枯死，叶片不易脱落，一般从表现症状至全株枯死需 7 天左右。植株茎基部先发病，表面粗糙，在潮湿时病茎上常出现水渍状条斑，后变褐色或黑褐色。纵切病茎，维管束变成褐色；横切病茎，切面呈淡褐色，挤压或保湿后病茎可见乳白色黏液溢出。后期病株茎内中空，病茎基部皮层不易剥离，根系不腐烂。该病害多发于连作田和地下水位高、湿度大的冲积土田。

防治方法：①实行轮作可有效降低土壤含菌量，减轻病害发生。②青枯病病菌喜偏酸性土壤，结合整地每亩施熟石灰粉 100 千克，使土壤呈中性或微酸性，可有效抑制该病的发生。③采用高垄或半高垄栽培方式，配套田间沟系，降低田间湿度。同时，增施磷、钙、钾肥，促进植株生长健壮，提高抗病能力。④喷施微肥。微肥可促进植株维管束生长发育，提高抗耐病能力。从花期开始，每次每亩用多元素混合型高效硼肥 100 克加水 40 升喷雾，或用 0.1％～0.2％硼酸＋硫酸锰混合液喷雾，每 10～20 天喷 1 次，共喷 2～3 次。为避免植株体内酸性物质增加，可在喷微肥的间隔期喷施 1～2 次 0.5％碳酸氢钠溶液。⑤药剂防治。发病初期选用 72％硫酸链霉素可溶性粉剂 4 000 倍液，或 77％氢氧化铜可湿性粉剂 500 倍液，或 50％代森锌可湿性粉剂 1 000

倍液，或 50% 琥胶肥酸铜可湿性粉剂 500 倍液灌根，每株灌药液 0.5 升，每 10 天 1 次，连灌 3～4 次。

（5）**灰霉病**　幼苗、成株期的叶、茎、枝、花均可感染。幼苗染病，子叶先端变黄，后扩展到幼茎，导致茎缢缩变细，由病部折断而枯死；叶片染病，病部腐烂，或长出灰霉状物，严重时上部叶片全部烂掉。成株染病，茎上初生水渍状不规则斑，后变灰白色或褐色，病斑绕茎一周，上端枝叶萎蔫枯死，病部表面生灰白色霉状物。

防治方法：加强通风透光，降低湿度。发病初期适当控制浇水，灌溉应在上午进行。发病后及时清理病果、病叶、病枝，集中烧毁或深埋，并用药剂防治。可选用 50% 异菌脲可湿性粉剂 2 000 倍液，或 50% 多菌灵可湿性粉剂 500 倍液，或 70% 甲基硫菌灵可湿性粉剂 800 倍液，或 50% 福美双可湿性粉剂 600 倍液喷施。

（6）**疮痂病**　秧苗和成株期均可发生，主要危害茎、叶、花。叶片染病初现许多圆形或不整齐水渍状墨绿色至黄褐色斑点，病斑稍隆起，常多个融合引起叶片变黄枯萎而脱落。茎染病初生水渍状不规则条斑，后木栓化或纵裂为疮痂状。果实染病出现圆形或长圆形病斑，稍隆起，墨绿色，后期木栓化。

防治方法：选用无病种子并进行消毒处理。发病初期喷洒 60% 琥铜·乙膦铝可湿性粉剂 500 倍液，或 90% 新植霉素可溶性粉剂 4 000～5 000 倍液，或 72% 硫酸链霉素可溶性粉剂 4 000 倍液，每隔 7～10 天喷 1 次，酌情喷施 2～3 次。

（7）**白星病**　苗期和成株期均可发病，主要危害叶片。病斑初为圆形或近圆形，病斑边缘呈深褐色小斑点，稍隆起，中央白色或灰白色，其上散生黑色小粒点。病斑中间有时脱落，发病严重时造成大量落叶。

防治方法：发病初期喷洒 65% 代森锌可湿性粉剂 700～800 倍液，或 50% 琥胶肥酸铜可湿性粉剂 500 倍液，或 14% 络氨铜水剂 300 倍液，每隔 7～10 天喷 1 次，酌情防治 2～3 次。

（8）**白绢病** 危害近地面的茎基部。发病时茎基部初呈暗褐色水渍状病斑，后逐渐扩大，稍凹陷，其上有白色绢丝状的菌丝体长出，呈辐射状，病斑向四周扩展，延至一周后，便引起叶片凋萎、整株枯死。病部后期生出许多茶褐色油菜籽状的菌核，茎基部表皮腐烂，致使全株茎叶萎蔫和枯死。

防治方法：与禾本科作物实行轮作，把旱地改为水田，种植水稻 1 年，病菌经长期浸水后逐渐消灭。初发病时，用 15% 三唑酮可湿性粉剂 1 000 倍液淋施于茎基部，每棵用药液 0.25 千克。

（9）**炭疽病** 主要危害将近成熟的辣椒果实，也可侵染叶片和茎部。果实染病，先出现湿润状椭圆形或不规则形褐色病斑，稍凹陷，斑面出现明显环纹状的橙红色小粒点，后转变为黑色小点，潮湿时溢出淡粉红色粒状黏稠状物。天气干燥时，病部干缩变薄呈纸状且易破裂。病害多发生在老熟叶片上，产生近圆形褐色病斑和轮状排列的黑色小粒点，严重时可引致落叶。茎和果梗染病，出现不规则短条形凹陷的褐色病斑，干燥时表皮易破裂。

防治方法：①选用无菌种子并进行消毒处理。②合理密植，与瓜类和豆类蔬菜轮作 2～3 年，增施磷、钾肥，避免田间积水，及时采果。③果实采收后，清除病果及病残体，并进行深耕，减少初侵染源。④药剂防治。田间发现病株时喷药防治，可选用 65% 代森锌可湿性粉剂 500 倍液，或 50% 甲基硫菌灵可湿性粉剂 1 000 倍液，或 65% 百菌清可湿性粉剂 600 倍液喷施。

（10）**软腐病** 主要危害果实，且多发生在青果上。果实染病后，最初出现水渍状暗绿色斑点，迅速扩展为淡褐色病斑，果肉腐烂发臭，果实变形，好像在袋子里装满了泥水，俗称"一兜水"。病果多数脱落，少数留在枝上，失水以后仅留下灰白色果皮挂在植株上。

防治方法：①农业防治。与非茄科及十字花科蔬菜进行 3 年以上轮作。培育壮苗，适时定植，合理密植，地膜覆盖，雨后及时排除田间积水，及时摘除病果并携出田外深埋。保护地栽培注意通风，降低空气湿度。②防治棉铃虫等蛀果害虫，减少果实上的伤口。③药剂防治。雨后及时喷药预防，可选用90%新植霉素可溶性粉剂4 000倍液，或50%氯溴异氰尿酸可溶性粉剂1 200倍液，或14%络氨铜水剂300倍液。发病后可选用72%硫酸链霉素可溶性粉剂4 000倍液，或1:4:600铜皂液，或1:2:300～400波尔多液喷施防治。

（11）**枯萎病** 一般在辣椒开花结果期陆续发病。病株下部叶片脱落，茎基部及根部皮层呈水渍状腐烂，根茎部维管束变褐，终至全株枯萎。潮湿时病茎表面生白色或蓝绿色的霉状物（病征）。通常病程进展缓慢，从发病至枯萎历时10～20天及以上，据此及其病征有别于辣椒细菌性青枯病。

防治方法：①选用抗病品种，选择排水良好的壤土或沙壤土栽培。避免大水漫灌，雨后及时排水。②保护地栽培，可在夏季高温季节高温闷棚对土壤进行消毒处理。③药剂防治。苗期或定植前喷施50%多菌灵可湿性粉剂600～700倍液。发病初期用50%多菌灵可湿性粉剂500倍液，或70%甲基硫菌灵可湿性粉剂600倍液，或14%络氨铜水剂300倍液灌根，每株灌药液0.4～0.5千克，每隔5天灌1次，连灌2～3次。

（12）**白粉病** 主要危害叶片，老熟或幼嫩叶片均可被害。病叶正面呈黄绿色不规则斑块，无清晰边缘，白粉状霉不明显；背面密生白粉，较早脱落。

防治方法：①选用抗病品种。选择地势较高、通风、排水良好的地块种植。增施磷、钾肥，生长期避免施氮肥过多。②发病初期及时用药防治，可选用15%三唑酮可湿性粉剂1 500～2 000倍液，或50%多菌灵可湿性粉剂500倍液，或47%春雷·王铜可湿性粉剂600倍液喷施，每7～10天喷药1次，连喷2～3次。

（13）**根结线虫病** 危害辣椒根部。根部受害后形成肥肿畸形瘤状结。发病初期地上部分没有明显的症状，重病株地上部生长衰弱、矮化，叶片颜色变淡，结果少而小。在干旱或晴天中午常出现萎蔫，严重时可枯萎。

防治方法：①实行轮作，最好水旱轮作。选用无虫土育苗，深翻土壤，促进根结线虫死亡。多施有机肥，加强栽培管理。②药剂防治。每亩用3%氯唑磷颗粒剂0.3千克，或50%辛硫磷乳油0.5千克，稀释成1000倍液，整地后地面喷洒，隔2～3天后定植。发病初期，用1.8%阿维菌素乳油2000倍液灌根，每株用药液200～300毫升。也可用40%辛硫磷乳油1000倍液灌根，每株用药液100毫升，每隔7～10天灌1次，连用2次。

2. 主要虫害

（1）烟青虫　以幼虫蛀食辣椒花蕾和果实，也可食嫩茎、叶和芽。蛀果危害时，虫粪残留于果皮内使椒果失去经济价值，田间湿度大时，椒果容易腐烂脱落造成减产。早熟品种上产卵少，幼虫蛀果率低，危害轻；中晚熟品种现蕾早的田块产卵多，危害严重。幼虫主要有3个发生高峰期，即6月上中旬、7月下旬和8月中下旬。

防治方法：①农业防治。露地冬耕冬灌，将土中的蛹杀死。早春在青椒田边靠西北方向种1行早玉米，待棚膜揭除后，其成虫飞往玉米植株上产卵，然后清除卵粒，减少虫量。实行轮作，选用早熟品种。及时在盛卵期结合整枝打杈，摘除带卵叶片，清洁田园。②生物防治。在产卵高峰期，喷施苏云金杆菌、杀螟杆菌（具体用法参照说明书）等生物农药。喷施生物复合病毒杀虫剂I型1000～1500倍液，对低龄幼虫有较好防效。③药剂防治。可选用2.5%溴氰菊酯乳油2000倍液，或2.5%氯氟氰菊酯乳油2000倍液，或4.5%高效氯氰菊酯乳油1500倍液于傍晚喷施，每季每种药只可用2次，轮换用药，减缓害虫产生抗药性。

（2）斜纹夜蛾　该虫为食性很杂的暴食性害虫。初孵幼虫群集危害，二龄后逐渐分散取食叶肉，四龄后进入暴食期，5～6龄幼虫暴食量占总食量的90%。幼虫咬食叶片、花、花蕾及果实，食叶成孔洞或缺刻，严重时可将全田作物吃成光秆。

防治方法：①利用成虫的趋光性、趋化性进行诱杀。可用黑光灯、频振式灯诱蛾，也可用糖醋液（糖：醋：水＝3：1：6）加少许敌百虫诱杀。②药剂防治。在幼虫初孵期用复合病毒杀虫剂虫瘟1号1500倍液喷雾，效果较好。虫害发生后选用40%氰戊菊酯乳油5000倍液，或2.5%联苯菊酯乳油3000倍液，或48%毒死蜱乳油1000倍液喷施，每隔7～10天喷1次，连用2～3次。

（3）**茶黄螨** 成螨和幼螨集中在寄主的幼嫩部位（幼芽、嫩叶、花、幼果）吸食汁液。被害叶片增厚僵直，变小或变窄，叶背呈黄褐色或灰褐色，并有油渍状光泽，叶缘向背面卷曲。幼茎被害变黄褐色，扭曲成轮枝状。花蕾受害畸形，重者不能开花坐果。受害严重的植株矮小丛生，落掉叶、花、果后形成秃尖，果实不能长大，凹凸不光滑，肉质发硬。华北地区大棚辣椒一般在5月中下旬开始发生，6月中旬至9月中下旬为盛发期；露地辣椒危害高峰期在8～9月份。

防治方法：①清洁田园，铲除田间杂草，减少越冬虫源。②药剂防治。虫害发生初期，选用1.8%阿维菌素乳油3000倍液，或72%炔螨特乳油2000倍液，或2.5%联苯菊酯乳油3000倍液，或25%灭螨猛可湿性粉剂1000倍液喷施，药剂轮换使用，每隔10天喷1次，连续喷3次。

（4）**蛴螬** 为金龟子幼虫，主要在未腐熟的粪中产生，特别是生鸡粪中数量更多。蛴螬是多食性害虫，可危害多种蔬菜的幼苗。幼虫主要取食幼苗的地下部分，直接咬断根、茎，使全株死亡。

防治方法：秋后深翻土地进行冻垡，可明显降低翌年虫量。施用充分腐熟有机肥，不施生粪。在施有机肥时每立方米用50%辛硫磷乳油50毫升加水稀释成100倍液喷洒并混匀，有较好防效。发现有幼虫危害时可用90%晶体敌百虫800～1000倍液，或50%辛硫磷乳油1000倍液灌根，或用辛硫磷制成毒土撒入畦内。

（5）**小地老虎** 幼虫三龄前大多在叶背和叶心里昼夜取食而

不入土，三龄后白天潜伏在浅土中，夜间出来活动取食。苗小时齐地面咬断嫩茎，拖入穴中。5～6龄幼虫进入暴食期，其食量占总取食量的95%。成虫昼伏夜出，尤以黄昏后活动最盛，并交尾产卵。成虫对灯光和糖醋有趋性，三龄后的幼虫有假死性和互相残杀的特性，老熟幼虫潜入土内筑室化蛹。

防治方法：①早春铲除田园杂草，春耕多耙，秋冬深翻烤土冻土。②利用成虫的趋光性、趋化性，用频振式诱蛾杀虫灯，用糖醋液（糖：醋：酒：水＝6:3:1:10）诱杀成虫。③幼虫三龄以前用药防治效果较好。每亩选用2.5%敌百虫粉剂1.5～2千克，与10千克细土混合制成毒土，撒施于植株周围。辣椒苗期，可选用90%晶体敌百虫1 000倍液，或20%氰戊菊酯乳油3 000倍液喷施。虫龄较大时，可用80%敌敌畏乳油或48%毒死蜱乳油1 000倍液灌根。

（6）**蚜虫**　在较干燥季节蚜虫危害重。北方地区常在春（6月份）、秋（9月份）两季各有1个发生高峰期。蚜虫繁殖力强，华北地区每年可发生10多代，长江流域每年可发生20～30代。主要以卵在露地作物上越冬，保护设施内冬季也可繁殖和危害。有翅蚜可在不同作物、不同设施和不同地区间迁飞。

防治方法：①物理防治。用涂有10号机油的黄色黏虫板诱杀，还可用银灰膜避蚜。②药剂防治。用洗衣粉400～500倍液喷施灭蚜，每亩用溶液60～80千克，连喷2～3次。也可用50%抗蚜威可湿性粉剂2 500倍液喷施防治。

（7）**白粉虱**　又名小白蛾。主要群集在叶片背面以刺吸式口器吮吸汁液，被害叶片褪绿、变黄、植株生长势衰弱，成虫和若虫分泌的蜜露堆积在叶片和果实上，易发生煤污病。

防治方法：①利用白粉虱的趋黄性，设置黄板诱杀。②保护栽培，可人工释放丽蚜小蜂、中华草蛉、赤座霉菌等天敌防治白粉虱。③可用25%噻嗪酮可湿性粉剂2 500倍液，或25%灭螨猛乳油1 200倍液，或10%联苯菊酯乳油3 000倍液，或20%氰戊菊酯乳油2000倍液喷洒，每7天喷1次，连喷3～4次，交替用药。

（8）**美洲斑潜蝇**　幼虫钻叶危害，在叶片上形成由细变宽蛇形弯曲的隧道，开始为白色，后变成铁锈色，有的在白色隧道内还带有湿黑色细线。幼虫多时，在短时间内叶面就被钻花干枯。

防治方法：及时清除残茬、杂草，特别是已经发生虫害的地块。日常田间管理时，一旦发现刚发生的新叶受害时立即摘除，并深埋。保护地可结合换茬进行土壤和设施消毒，如在夏季可进行高温闷棚消毒。选择兼具内吸和触杀作用的杀虫剂防治，可用20%吡虫啉可湿性粉剂2000倍液，或2.5%高效氟氯氰菊酯乳油2000倍液，或1.8%阿维菌素乳油2000倍液喷雾，交替轮换用药。喷药应在早晨或傍晚进行。

三、茄子栽培技术

（一）品种选择

1. 适宜露地种植的品种　主要有万吨早茄、济南早小长茄、鲁茄一号、灯泡茄、天津快圆茄、二芪茄、泰科早圆茄、意大利圆黑茄、丰研1号、绿茄1号、圆杂2号、北京六叶茄、西安绿茄、长虹2号、辽茄4号、新乡糙青茄、真绿茄、中日紫茄、9318长茄、辽茄5号、圆丰1号等。

2. 适宜春季大棚种植的品种　主要有早熟墨茄、丰研2号、圆丰一号、六叶茄、七叶茄、鄂茄1号、渝早茄1号、布利塔、EP-976、奥赛、东方长茄、田丰长龙、尼罗、早小长茄、全福、黑神、大龙、东方长茄、黑元帅、超极限、紫圆大瓦、卡拉奇、西方长茄、西方短茄、德州小火茄、辽茄7号等。

3. 适宜秋季大棚种植的品种　主要有晚茄1号、长丰红茄、邯农大圆茄、丰田优美长茄三号、二芪茄等。

4. 适宜温室种植的品种　主要有青选长茄、94-1、吉茄 1 号、济杂长茄 1 号、辽茄 7 号、快圆茄、兰竹长茄、圆杂 2 号、9318 长茄、尼罗、布利塔、郎高、新乡糙青茄、济丰 3 号、天津二苠茄、黑山长茄等。

（二）播种育苗

1. 育苗方式　茄子常用育苗方式有温室育苗、电热温床育苗、小拱棚育苗及遮阳棚育苗等。

（1）**温室育苗**　温室保温效果好，容易培育出适龄健壮茄苗，是低温期的主要育苗方式，也是专业育苗的主要方式之一，主要为早春大棚、日光温室茄子栽培育苗。

（2）**电热温床育苗**　多与温室、大棚、阳畦等育苗设施结合使用，在电热温床内培育小苗，在温室、大棚、阳畦等设施内分苗培养成大苗。

（3）**小拱棚育苗**　小拱棚空间较小，保温能力较差，温度低且分布差异较大，育苗期较长。主要用于早春茄子育苗，冬季育苗需要与其他大型育苗设施结合进行。

（4）**遮阳棚育苗**　主要用于高温强光照的夏秋茬茄子育苗，可避免苗床过干、强光伤苗及高温诱发病毒病等问题。

2. 种子处理　茄子播种前的种子处理分为浸种、消毒、催芽等环节。

（1）**浸种**　播种前 5～7 天进行浸种催芽。

①普通浸种　用 20～25℃清水浸泡种子，先搅动将浮上来的瘪种子除去，再搓洗种子去掉黏附在种子的果肉、果皮和黏液等杂质，然后再换清水浸泡 4～6 小时，直至种子充分吸水膨胀。

②温汤浸种　将种子放到 50～60℃温水中不断搅拌，保持50～55℃水温 15～20 分钟。水温降至 25～28℃后继续浸种至种子吸胀，然后将种子放在 25℃温水中充分搓洗，将黏液洗净。

③高温浸种　取 2 个适当的容器，将种子倒入其中一个，倒

入大于种子体积5倍以上70～80℃的温水，快速用2个容器使热水相互倾倒。最初几次倾倒的动作要快和猛，使热气散发并提供氧气。直到水温降至50℃左右后，用木棍搅动；等水温降至30℃以下时停止搅动，进行浸种。

④间歇式浸种 先将种子浸泡8小时，接着摊开晾8小时，再浸种4小时，然后摊开晾4小时，用手摸湿滑不黏手时即可催芽。

（2）**药剂消毒** 茄子种子经清水浸种后进行药液浸种，其消毒效果更好。药液要高于种子5～10厘米。可用50%多菌灵可湿性粉剂1000倍液浸种20分钟，或用50%福美双可湿性粉剂100倍浸种10分钟，或用0.2%高锰酸钾溶液浸种10分钟。浸种后要进行种子清洗，去除种皮外的黏液，并反复用清水冲洗干净。

（3）**催芽** 把已经浸种消毒好的茄子种子用湿纱布、毛巾或湿麻袋片包裹，放置于30℃条件下催芽，一般6～7天出芽。催芽的前2～3天为避免种子发黏，应及时地清洗种子和包布。种子萌芽前每天需翻动2～3次，使种子内外受热均匀，并散发出种子发芽过程中所产生的二氧化碳气体。

茄子催芽最好采用变温处理，夏季高温时尤为重要。每天在25～30℃条件下催芽16～18小时后，再放到20℃条件下催芽6～8小时，一般4～5天即可使种子出芽整齐。种子露白后即可播种。

3. 播 种

（1）**播种期** 播种期依据定植时间确定。早春露地栽培茄子，接近地面10厘米处最低气温稳定在13℃以上时方可定植，茄子苗龄80～90天。早春保护地栽培育苗和定植时间，应根据保护地的保温条件确定。秋延后茄子栽培和夏季茄子栽培的适宜苗龄为60天左右，定植期向前推65～70天，即为茄子的播种育苗期。一般每定植1亩茄子，需播种苗床3～4米^2。

（2）**播种方法** 播种前整平床面，去掉床土表面的粗土块、小石块，浇足底水，使床内6～10厘米土层湿润，水渗完后撒一薄层筛过的细土。选择光照充足、少有微风的日子播种，尤其是冷床育苗要抢晴天、抢中午播种，以利出苗整齐。采用撒播或条播，每次要少撒些、来回多播几次，使种子均匀地分布在苗床上。播后及时覆盖一层0.5～1厘米厚的营养土，再用无纺布、稻草、地膜或旧报纸等覆盖床面，以保温保湿和遮阴。冷床育苗要随即盖上塑料薄膜或玻璃框及上面的草苫、保温被等保温材料，在大棚或温室内育苗最好加盖小拱棚，以利于尽快出苗。

气温较高时播种后不要盖地膜，以免气温过高发生烂种，用油纸或旧报纸覆盖即可，当有50%种子出苗时要及时揭开。在浇足底水的情况下，茄子在出苗以前一般不需要浇水。

4. 幼苗出土后管理 茄子出苗后至分苗假植阶段的管理重点是控温、控湿、增加光照，防止茄子幼苗徒长成为高脚苗。

（1）**控温增光** 茄子幼苗期白天温度保持25～28℃、夜间15℃左右，在保证床温适宜的情况下，晴天应慢慢揭膜，使茄子幼苗多见光。分苗假植前温度过高时要适当降低床温。

（2）**控湿** 茄子幼苗期床土湿度不宜过高，晴天气温高时，通风量可大些，阴雨天和气温低时可小些。茄子苗床浇水应采用少量多次的方法，且要用温水浇灌，切忌用冷水直接浇苗。浇水量以幼苗根系周围的土壤湿润为度，可用细孔喷壶浇。浇水要在晴天进行，不要在阴雨天或寒流来临前浇水。夏季高温季节浇水时间以早晨和傍晚为宜，严冬季节应在上午10～12时浇水。阴雨天床内湿度过大时，可撒些细土吸水。

（3）**保护子叶** 出苗后注意保护子叶，发芽后应给予直射光线，并保持较低的温度，促使子叶增大肥厚、叶色浓绿。

（4）**间苗与病害防治** 齐苗后应及时间苗，以免形成高脚苗。茄子幼苗期主要是猝倒病和立枯病，应提前预防。

5. 分苗假植期管理

（1）**温度调节**　幼苗分苗后5～7天为缓苗期，此期应以保温、防冻、促缓苗为目的进行温度管理，大棚内的小棚不揭膜、不通风，小棚加盖遮阳网适当遮阴，使小棚温度白天保持25～30℃、夜间15～18℃，如果大棚温度超过35℃，应在中午前后进行短时间通风。棚室内最低气温降至13℃以下时，应加盖草苫保温防冻。缓苗后期，棚内白天温度保持25～30℃、夜间15～18℃。

（2）**湿度管理**　缓苗后期，要求苗床表土保持湿润，空气相对湿度保持70%～80%。缓苗期间要浇1次缓苗水，严寒季节一般在晴天上午11时至下午1时浇水，高温季节宜在早晨和傍晚浇水。

（3）**光照调节**　茄子幼苗期要求中等强度光照。冬春季在棚室内移苗时，为了保温而多层覆盖，并且外界的日照时间短、光照强度弱，因此应采取措施尽量改善光照条件。夏季光照过强，容易引起幼苗萎蔫，应进行遮阴。

（4）**中耕追肥**　气温较低的季节，幼苗前期追肥一般在晴天上午9时至下午1时结合浇水进行，连续阴雨或寒流前不宜追肥。追肥后可适当中耕，中耕深度以2～3厘米为宜。在高温季节则以傍晚时施肥为宜。用0.3%尿素和磷酸二氢钾溶液喷叶面追肥，可促进幼苗健壮生长和花芽分化。

（5）**炼苗**　定植前15天左右，开始慢慢锻炼秧苗，在棚室内开始通顶风，接着通肩风，并由小到大。

6. 茄子嫁接育苗技术

（1）**砧木选择**　生产中常用的砧木品种有托鲁巴姆、赤茄、CRP（刺茄）等。

（2）**砧木种子处理**

①浸泡处理　将种子浸泡48小时，苗床浇足底水后均匀播种，盖土后覆膜保墒保温。一般茄子砧木苗10～15天即可发芽。

②变温处理 将种子浸泡 48 小时后装入布袋，放入恒温箱中，30℃恒温处理 8 小时，20℃恒温处理 16 小时，反复变温处理。同时，每天用清水冲洗种子 1 次，8 天后即可出芽。

③药剂处理 用 100～200 毫克/千克赤霉素溶液浸种 24 小时，再用清水浸种 24 小时，然后将种子置于恒温箱中进行变温处理，一般 4～5 天即可出芽。

（3）**砧木播期** 播种期主要取决于砧木生长的快慢，由于茄子砧木生长特性不同，生长速度特别是苗期生长速度差别很大。主要砧木播种期如表 2-1 所示。

表 2-1　茄子主要砧木不同嫁接方法的播种期

砧　木	砧木播种期（与接穗比较）（天）				
	靠　接	顶插接	劈　接	贴　接	针　接
赤　茄	早播 5～7	早播 10～15	早播 5～7	早播 5～7	早播 5～7
耐病 VF	早播 3	早播 5～7	早播 3	早播 3	早播 3
刺　茄	早播 20～25	早播 30～35	早播 20～25	早播 20～25	早播 20～25
托鲁巴姆	早播 25～30	早播 30～40	早播 25～30	早播 25～30	早播 25～30

（4）**嫁接时期** 茄子嫁接时期主要取决于茎的粗度，当砧木茎粗达 0.4～0.5 厘米时为嫁接适期。茄子嫁接部位一般在第二和第四片真叶的节间，生产中应注意该部位茎的粗度与节间的长度变化。多数砧木品种在幼苗 5～6 片真叶时为嫁接适宜苗龄。

（5）**嫁接方法** 茄子主要采用劈接法和斜切接法嫁接。

①劈接法 砧木苗具有 5～6 片真叶、茎粗 0.4～0.5 厘米，接穗苗具有 4～5 片真叶，为嫁接适期。嫁接时，砧木苗基部留 1～2 片真叶，切去上部的茎，从茎切口中央向下直切深 1～1.5 厘米的小口。将接穗苗拔下，接穗留 2～3 片真叶断茎。将切断的接穗茎基部削成楔形，楔形大小与砧木切口相当（直径 1～1.5 厘米），随即插入砧木切口，使其吻合，并用嫁接夹固

定。注意不能太紧或太松。

②斜切接法 在砧木苗5～6片真叶时嫁接。砧木苗保留2片真叶，用刀片将其以上部位切除，再将第二片真叶上面的节间斜削成呈30°角的斜面，去掉以上部分，斜面长1～1.5厘米。取接穗苗，上部保留2～3片叶，用刀片削成与砧木相反的斜面，去掉以下部分，斜面长与砧木同。然后将两个斜面迅速贴合在一起，对齐，用夹子固定。

（6）嫁接苗管理 嫁接后的前3天是接口愈合的关键时期，白天温度保持28～30℃、夜间20～25℃，空气相对湿度保持95%以上。拱棚上覆盖塑料薄膜、遮阳网或草苫以保温保湿遮阴，4～5天不进行通风。密封期过后应选择温度及空气湿度较高天气的清晨或傍晚通风，每天通风1～2次，以后逐渐揭开棚膜，但仍要保持较高的空气湿度。第八天伤口已愈合，可掀开棚底薄膜通风炼苗，同时取下嫁接夹转入正常管理。在嫁接苗完全可以通风后，叶面喷施0.02%磷酸二氢钾溶液＋72.2%霜霉威可湿性粉剂600倍液，以防接穗叶片黄化病变。

嫁接后第四天，嫁接苗可在清晨、黄昏见弱光，出现萎蔫之前放草苫遮阴，直到嫁接后第十天，小拱棚打开通风以后，拱棚内空气相对湿度会迅速降低，甚至低于75%，需要给拱棚内增加湿度，可在上午10时左右，用清水喷雾小拱棚内膜面。第八天左右时，小水漫灌苗床，估计水能渗透营养钵为止，浇水后推迟关闭小拱棚，使拱棚内空气相对湿度保持75%左右。

嫁接后第十天拆掉小拱棚，中午用遮阳网遮阴降温，白天温度保持22～26℃、夜间12～15℃，空气相对湿度降至75%以下，营养钵保持湿润。第十二天以后对嫁接苗进行分级管理，选晴天剔除嫁接苗砧木上新萌发的侧枝和接穗上的黄叶、病叶，并将弱小苗和健壮苗分开摆放。摆放时营养钵间距为3厘米，以扩大嫁接苗光照面积。苗床摆满后，大水漫灌苗床，水浇到营养钵高度的1/2为止。

（7）**嫁接苗定植**　茄子嫁接栽培，大棚春提早一般在 3 月下旬定植，大棚秋延迟一般在 7 月中下旬定植，定植前嫁接苗的标准：接穗 6～7 片真叶（嫁接时去掉 2～3 片），叶大而厚，叶色较浓，茎粗壮，门茄现大蕾，根系发达。

（8）**嫁接苗防病**　嫁接苗栽植时，嫁接部位要远离地面，不可埋入土内，以免茄子接穗上诱发不定根后而引起发病。灌溉时，避免大水漫灌。

（三）露地早春茬茄子栽培

1. 定植前的准备

（1）**施基肥**　春季露地栽培茄子宜选用冬闲地或春菜地，忌连作。前茬作物收获后及时清茬，冬闲地应于上一年秋冬深耕晒垡，深翻 30 厘米，深翻晾晒数日后，整平耙细，以利保墒。若进行春耕，则宜浅（20 厘米）不宜深。春季露地栽培茄子生长快，结果期集中，要重施基肥，每亩施腐熟厩肥 5 000～7 500 千克、磷肥 50 千克、草木灰 200 千克或饼肥 100 千克、硼肥和锌肥各 1 千克。为提高肥效，50%肥料撒施后翻耕，50%肥料集中沟施于行间。

（2）**做畦**　南方地区多采用深沟窄畦栽培方式，一般畦宽1.3～2 米，沟深 20～30 厘米。京津地区一般做小高畦，畦高10～15 厘米、宽 60～65 厘米，用 90～100 厘米幅宽的地膜覆盖，栽 2 行。东北地区则先沟施肥料，而后做宽 150 厘米的垄，每 2 条垄搂平做 1 米宽的小高畦，采取开条沟的方法，1 畦定植 2 行。

（3）**铺地膜**　早春露地茄子采用地膜覆盖栽培。覆膜前，用50%扑草净可湿性粉剂 60～70 克加水 50～60 升均匀喷洒畦面防除杂草。定植前 7 天左右覆膜，然后打定植孔，栽苗后封土，或用移苗器打穴后栽苗。

2. 定　植

（1）**定植期**　定植期一般根据当地晚霜终止的早晚而定，掌握在当地春季终霜后、10厘米地温稳定在13℃以上时定植最为适宜。北方地区多在4月下旬至5月中旬，长江流域一般在4月中下旬，南方地区一般在3月底至4月初。京津地区采取（地下式）改良地膜覆盖栽培方式，可将定植期提前10天左右（气温稳定在12℃即可定植）。其做法：开深26厘米、宽40厘米的上宽下窄的倒梯形沟，沟内施基肥。定植时，把带土坨苗排放到定植穴内，用细土埋严，使茄苗与地面留有1～2厘米高的空间，边栽苗边顺沟沿与地面持平、扯紧盖膜，栽后顺沟浇水，当沟内温度升至25℃时，扎孔通风；当叶片触及天膜时，划"十"字掏苗，改天膜为地膜，进入6月份后撤掉地膜，并向植株根部壅土，这样既可防倒伏，又利于排灌。

（2）**定植密度**　早熟茄子品种每亩栽植2 500～3 000株，中熟品种2 200～2 500株，晚熟品种2 000～2 500株。早熟品种低畦栽培，畦宽1.5～2米，一般栽4行，大行70～80厘米，小行60厘米，株距40厘米；中晚熟品种高畦栽培，畦宽1.1～1.2米，栽2行，株距40～50厘米。

（3）**定植方法**　北方地区春季干旱，常采用暗水稳苗定植，即先开定植沟，在沟内浇水，待水尚未渗下时，将幼苗按预定的株距轻轻放入沟内，水渗下后及时用土覆平畦面。南方地区大多采用先开穴定植后浇水的方法。茄子定植时最好选择无风的晴天进行，有利于缓苗，当天浇1次定植水。此外，栽苗时应在畦的两头或畦中间多栽几棵预备苗。

3. 田间管理

（1）**合理追肥**　缓苗后至开花前，以促为主，为开花结果打基础。一般在缓苗成活后追施粪肥或化肥提苗。宜淡肥勤施，一般结合浅中耕进行，可于晴天上午用20%～30%人畜粪浇施。

开花后至门茄坐果前，以控为主，应适当控制肥水供应，以利开花坐果。若植株长势良好，可以不施肥。

门茄坐果后至四门斗茄采收前，对肥水的需求量开始加大，应及时浇水追肥，每亩随水冲施人粪尿 500～1 000 千克或磷酸二铵 15 千克。对茄和四门斗茄相继坐果膨大时，对肥水的需求达到高峰，可于对茄"瞪眼"后 3～5 天每亩随水浇施人粪尿 4 000～6 000 千克或尿素 15～20 千克。四门斗茄果实膨大时，重施 1 次粪肥或氮素化肥。从门茄"瞪眼"后，晴天每隔 2～3 天追施 1 次 30%～40% 人畜粪，也可在下雨之前埋施尿素和钾肥，尿素和钾肥按 1∶1 的比例混合均匀，亩埋施尿素和钾肥共 30～40 千克，整个结果期可埋施 2～3 次。

四门斗茄采收后，天气已渐炎热，土壤易干，主要以供给水分为主，一般以 20%～30% 的淡粪水浇施，应做到每采收 1 次茄子追施 1 次粪水。结果后期可进行叶面施肥，可喷施 0.2% 尿素和 0.5%～1% 磷酸二氢钾溶液，喷施时间以晴天傍晚为宜。

（2）水分管理　茄子栽培土壤相对湿度以 70%～80% 为宜。为防止茄子落花，第一朵花开放时要控制水分，门茄"瞪眼"时表示已坐住果，要及时浇水，以促进果实生长。对茄膨大和四门斗茄坐果时期对肥料和水分需求最大，这时要经常浇水，使土壤保持湿润，以土表见湿为宜，一般每 5～7 天浇水 1 次，或每采收 1～2 次后浇水 1 次。

（3）中耕培土　中耕一般结合除草进行，以不伤根系和锄松土壤为准，一般进行 3～4 次。地膜覆盖栽培一般不需进行中耕培土。

（4）整枝摘心　在门茄"瞪眼"以前分次抹除无用侧枝。一般早熟品种多采用三杈整枝，除留主枝外，在主茎上第一花序下的第一和第二叶腋内抽生的 2 个较强大的侧枝均加以保留，连主枝共留三杈，基部侧枝一律摘除。整枝后在 7 叶期或 5 叶期摘心，其前期产量比对照提高 45% 左右。

4. 采收　早熟品种从开花至始收嫩果需 20～25 天，一般于定植后 40～50 天即可采收商品茄上市。茄子采收以早晨为好，果实新鲜柔嫩。

（四）早春（春夏茬）大棚茄子栽培

大棚茄子早春栽培，定植期一般要比当地小拱棚早春栽培略晚。华北地区一般于12月下旬至翌年1月上旬播种育苗，3月中下旬定植，4月下旬开始采收上市，采收期可以持续到6月中下旬。东北、西北高寒地区一般于1月中下旬育苗，4月上中旬定植，5月上中旬上市。长江流域各地一般于12月上中旬播种育苗，翌年2月下旬定植，4月上旬开始采收。

1. 整地定植　大棚内没有前茬作物的，冬前深翻，充分晒垡与冻垡，并于定植前20～30天提前扣膜烤地。有前茬作物的应将棚内残枝病叶清理干净，并对大棚进行烟熏消毒处理。冻土层化透后，每亩施腐熟农家肥5 000～7 000千克，深翻40厘米，精细整地，按大行距60厘米、小行距50厘米起垄。定植时垄上开深沟，每沟撒施磷酸二铵100克、硫酸钾100克，肥土混合均匀。然后按30～40厘米株距摆苗，每亩栽3 000～3 200株。

一般大棚内气温连续7天不低于10℃，10厘米地温不低于12℃时定植。如果定植后在大棚内加小拱棚、地膜或挂保温幕，一般每加盖一层保温材料，可使得夜间温度提高2～3℃，定植期则可比单层薄膜覆盖的大棚提前7～10天。

可挖穴或开沟定植。先覆地膜，烤地1周后定植，用地膜打孔器按株距打栽植穴，把苗坨移入栽植穴中，土坨上表面低于地表2厘米左右，嫁接苗的接口要留在地上3厘米左右，把苗坨周围的潮土培向土坨，埋没1/3左右，浇2遍水，水渗干后封埋，把栽植穴周围的地膜埋严。

2. 田间管理

（1）**温度调节**　早春大棚茄子定植后，外界气温较低，管理上以保温为主。若遇低温寒流天气，要在大棚内扣小拱棚，小拱棚上再加盖草苫等保温，促进缓苗。棚内湿度过大时，可适当通风排湿，但时间要短。缓苗期间要闭棚保温，棚内温度保持

28～30℃，即使遇上晴暖天气，也不必揭膜通风。晴天中午棚内温度高、秧苗出现萎蔫时，可以放草苫遮阴，午后恢复正常后揭苫，力争使夜间温度保持15～20℃。从定植到缓苗结束一般需要5～6天，缓苗后逐渐加强通风，降低温度。当外界最低气温达18℃以上时，可撤除围裙膜，并将棚膜卷高1米左右。当外界气温稳定在22℃以上时，可去除棚膜或只留顶膜，使大棚呈天棚状，这样既可降温又能防雨。

（2）**肥水管理**　一般定植后至门茄坐果前，应严格控制浇水追肥，主要任务是连续中耕，并结合中耕进行除草。当门茄进入"瞪眼"期后，每亩随水冲施尿素20千克或腐熟粪稀1000千克。以后每层果坐住后均要进行追肥浇水。华北地区，3月末以前，应采取逐株浇水或隔沟浇水，覆盖地膜的应进行膜下暗沟浇水；3月末以后，根据天气情况，浇水可明、暗沟同时进行。进入盛果期以后，外界气温已升高，要大水大肥，每7～10天浇水追肥1次，每亩每次可追施尿素、硫酸铵或硝酸铵20千克。生长中后期还要追施钾肥，每亩每次可追施10千克，并叶面喷施1%尿素＋1%磷酸二氢钾混合液。每次浇水后均要注意及时通风排湿。

（3）**整枝摘叶**　此茬茄子一般进行双干整枝。

（4）**保花保果**　门茄坐果期间温度较低，茄子的花多数为不健全花，不能正常授粉受精，往往坐不住果，可用25～30毫克/千克防落素溶液处理，以保花保果。

（5）**坐果期管理**　门茄始收时，外界气温仍然较低，管理重点仍然是保温，棚温保持在25～30℃。晴天棚内温度较高时通风排湿，以减轻病害的发生。结果初期，一般不浇水，如果干旱，可选晴天上午浇水，浇水后在茄子不致受冻害的前提下尽可能揭膜以通风排湿，减少棚内膜上水滴的凝聚，增加透光量。结果盛期，外界气温升高，天气转暖，植株需肥需水量增多，结合浇水每亩施尿素15～20千克、磷酸二铵10～15千克，或追施人粪尿，每5～7天1次，共追肥5～6次。当外界夜间最低气温达到 15℃以上时，打开所有的通风口，昼夜通风。

（五）早春（越夏连秋茬）大棚茄子再生栽培

夏季温度不太高的地区茄子可连秋栽培，也叫再生栽培。一般是在大棚撤膜后，露地越夏生长，高温期过后再扣上棚膜，精心管理，秋季严霜来临前结束采收。茄子再生栽培又叫老干新枝栽培，其与育苗后进行大棚秋延后栽培相比，省去了育苗、整地及定植等环节，故在华北北部及东北部分地区应用较多。但由于枝条较育苗移栽的正常植株弱，且其分枝不规律，产量相对较低。

1. 茄秧剪截　春茬大棚茄子栽培一般在 6 月底以后将棚膜撤除，呈露地栽培状态。7 月中下旬选择未明显衰败的植株，将主干保留 10 厘米左右，其余剪掉，上部枝叶全部除去。嫁接茄子可在接口上方 10 厘米处剪除。剪除主干后，伤口处立即涂药防病，可用 50% 多菌灵可湿性粉剂 100 克，或 72% 硫酸链霉素可溶性粉剂 100 克，或 40% 三乙膦酸铝可湿性粉剂 100 克，加 0.1% 高锰酸钾溶液调成糊状。同时，清洁田园，喷药防治病虫害。

2. 重施肥水　剪枝后及时中耕松土和追肥浇水，每亩可施充分腐熟的农家肥 3 000 千克、尿素 20 千克、过磷酸钙 30 千克。因为茄子根系扎得较深，表面施肥效果不佳，可在栽培行间挖沟深施，并经常浇水促使新叶萌发。

3. 田间管理　剪枝后 10 天内植株即可萌发出 2～3 个新枝，选留其中 1～2 个壮枝，以后每枝留 1～2 个茄子，其他的侧枝和腋芽全部打掉。一般剪枝后 20～25 天新发植株即可开花。当每个果实坐住后，结合浇水每亩追施尿素和钾肥各 10 千克，并进行中耕培土。开花后 15～20 天，新枝上的果实即可开始采收上市。这时要注意打去植株下部的老叶和多余的侧枝，并及时喷药防治病虫害。

当外界最低气温降至 13℃左右时，一般为 9 月中旬扣棚防寒保温，气温再降低时白天通风、夜间闭风，保温促果生长。扣膜后白天浇水后要加大力度通风排湿，防止因低温高湿引起白粉病、褐纹病等病害。温度再降低时，在大棚外四周围上草苫，无柱大棚的棚内拉天幕，棚内最低气温保持在10℃以上。扣棚后除过分干旱时要浇水外，尽量少浇水。秋季严霜来临前棚内最低气温5℃左右时应采收完毕。生产中一般到10月中旬以后，在果实不受冻害的前提下尽量不采收，10月下旬一次采收上市或结合保鲜贮藏延迟上市，以提高经济效益。

（六）秋延后大棚茄子栽培

一般于6月上中旬至7月中旬播种育苗，7月中下旬至8月中下旬定植。秋延后茄子栽培，播种育苗期正值高温雨季，育苗困难，加上秋季适宜生长期较短，生长后期特别易遭受低温和寒潮的影响而使得产量较低，因此生产中本茬茄子栽培面积很少。但秋延后大棚茄子的上市期正赶上露地茄子拉秧，市场销售价格比较高。

1. 定植前的准备

（1）整地施肥 结合整地每亩施腐熟农家肥2000～3000千克、三元复合肥30～50千克。

（2）扣棚和揭棚 大棚秋延后茄子栽培的扣棚时间为旬平均气温20℃，初扣棚时不要扣严。当外界气温下降至15℃以下时，夜间把棚封严，白天温度高时可进行短暂通风，以免棚温过高、湿度过大。棚内气温在15℃以下时不再通风，并在四周围草苫保温防寒，促进果实成熟。

2. 定植 前茬作物采收后清除残株杂草，每亩用50%多菌灵可湿性粉剂2千克进行土壤消毒。定植前1～2天苗床内浇足底水，定植时秧苗尽量带土移栽，栽后随即浇压根水，以防秧苗萎蔫。一般早熟品种按40～50厘米行距，中熟或中早熟品种按60～80厘米行距挖穴或开沟，株距均为40～50厘米，每亩栽苗约4000株。定植应选阴天或傍晚进行，浇足定植水。

3. 定植后管理

（1）**温光管理** 定植后覆盖遮阳网或扣薄膜，昼夜通大风，雨天停止通风，以防雨水淋入棚内。缓苗后多次中耕保墒、蹲苗，促进根系发育。随着天气渐渐变凉，要逐渐将两侧棚膜放下，通风量也要随之减小，缩短通风时间。当外界最低气温降至15℃时停止通夜风，晚上扣紧棚膜，白天温度保持25～30℃、夜间16～18℃。棚内温度低于13℃时，要在棚内张挂二道膜，大棚周围加盖草苫，以确保温度。注意草苫要早揭晚盖，白天二道膜要拉起，以保证大棚内有充足的阳光。

（2）**肥水管理** 门茄坐果后开始浇水，结合浇水每亩追施硝酸铵或尿素20千克。以后每15天左右追1次肥，每次每亩追施尿素20千克、钾肥10千克。每次浇水后均要通风排湿，以减轻病害的发生。为了降低棚内湿度，可在行间覆盖地膜或作物秸秆。另外，在生长后期，要依据植株长势，适时停止肥水供应。

（3）**植株调整** 此茬茄子实行双干整枝。后期要进行摘心，并及时摘除植株下部黄叶、病叶。每株留3～5个茄子打顶尖，去掉无用腋芽或侧枝，并且去除上部多余的花果，以保证植株有充足的营养向其他果实转移。

（七）日光温室秋冬茬茄子栽培

此茬茄子栽培对技术要求高，生产风险大。不过，此茬茄子正值元旦、春节等节假日期间，市场需求量大，价格高，经济效益好。

1. 定植前的准备

（1）**高温闷棚** 秋冬茬温室茄子定植前一般要进行为期7天的高温闷棚，即在晴天将温室密闭，在强阳光照射下，使温度迅速升至50℃以上并保持一定的时间，利用高温对温室进行烘烤。

高温闷棚应做到三要三补。三要：一要闷前翻地，深翻

25～30厘米，然后大水漫灌、覆盖地膜，有条件的还可在翻地时挖沟并沟施麦糠或麦秸。二要全棚密闭，通风口关严，地面覆盖地膜。三要充分闷棚，至少要有连续5天的晴好天气，以充分提高棚温和地温。三补：一是闷棚前补充分腐熟粪肥。二是补石灰氮，根结线虫严重的棚室，可在翻地前每亩施石灰氮60～100千克，充分利用石灰氮与水反应形成的氰胺杀灭土壤中的根结线虫。三是补生物菌肥。

（2）**整地施基肥** 定植前要施足基肥。每亩可施腐熟猪（牛）粪5000～6000千克、饼肥80～100千克、三元复合肥50千克、尿素50千克、过磷酸钙50千克。有机肥60%～70%均匀撒施后深翻，将肥料混入30厘米深的土层中。整平土地，开沟做畦时，将余下的30%～40%有机肥和其他肥料一起于行间集中沟施。沟施肥后耙平地面做畦。多采用高畦或垄畦栽培。北方干旱地区浇水多，在配套微喷灌的温室内，可采用畦面宽60～80厘米、高10～15厘米的高畦；南方多雨地区或地下水位高、排水不良的地区，可采用畦面宽180～200厘米、沟深23～26厘米、宽约40厘米的深沟宽高畦。垄畦底宽50厘米、畦背高15厘米，为方便棚室管理，常做成大、小垄，大垄距80厘米左右、沟深15～20厘米，沟主要用于行走；小垄距60厘米左右、沟深10厘米左右，沟主要用于浇水。

2. 定植 多采用大小行距栽培，大行距80厘米左右，小行距60厘米左右，株距35～40厘米。株型较大的品种，株行距可适当大些，每亩栽植2000～2500株；株型较小的品种，株行距可适当小些，每亩栽植2700株左右。秋冬茬温室茄子宜采用明水定植法，即茄苗定植时浇小水或不浇水，定植结束后地面或沟内浇大水。

3. 田间管理

（1）**定植后扣棚前管理** 日光温室秋冬茬茄子定植时尚未扣棚膜，定植后有一段露地生长时间，此阶段正是茄子缓苗和搭丰产架子的关键时期，应加强管理。浇定植水后及时中耕，疏松苗坨周围的土壤。定植 4～5 天后浇 1 次缓苗水，然后按由深到浅、由近到远的方法，连续中耕 2～3 次，并向垄上培土，雨后也要注意及时松土。缓苗后，用多菌灵和生化黄腐酸混合液灌根，预防黄萎病和枯萎病。同时，叶面喷施 4 000～5 000 毫克/千克矮壮素或甲哌鎓溶液，促使壮秧早结果。门茄开花时用 50 毫克/千克防落素＋20 毫克/千克赤霉素混合液喷花，门茄开花后，喷 1 次亚硫酸氢钠（光呼吸抑制剂）2 500 倍液。

（2）**扣棚** 10 月中下旬，当日平均气温下降至 20℃时开始扣棚。扣棚初期要通大风，随着外界气温的逐渐下降，通风量应逐渐变小。当外界气温下降至 15℃左右时，夜间闭棚保温。

（3）**扣棚后温度管理** 扣棚初期经常通风，晴天的中午覆盖遮阳网遮阴，使室内温度保持 25～30℃。室内温度低于 15℃时及时加盖草苫、纸被，并在前坡底部和后坡覆草，必要时可采用生火炉、火盆、火堆或电加温等方法进行临时性补温。同时，注意定期清洁棚膜，适时揭开草苫，尽量创造有利于茄子开花结果的光照和温度条件，使白天温度保持 22～30℃、夜间不低于 10℃。

（4）**扣棚后肥水管理** 扣棚初期正值茄苗缓苗后至发棵初期，也是茄苗新根群形成初期，应及时浇水，保证茄苗发棵的水分供应，习惯上称之为发棵水。晴天应于傍晚或早晨浇水。结合浇发棵水，施发棵肥。地力较差、基肥不足的地块，每亩可追施尿素 10～15 千克，也可冲施沤制过的鸡粪或人粪尿或沼气液；肥力水平较高、基肥充足的地块，可以不追施发棵肥。

浇足发棵水后，在门茄坐住前的一段时间内，适当控制肥水，保持土壤适度干燥，进行蹲苗。门茄"瞪眼"时，每亩结合浇水施尿素 10～15 千克。以后每层果谢花后均要随水追肥，每次每亩施氮钾复合肥 30～40 千克。

（5）**结果期水分管理** 结果前期适当多浇水，使地面保持湿润而不见干土；结果中期控制浇水量，保持地面湿润稍干；结果后期增加浇水，保持地面湿润不见干。结果期最好浇温水，以保持正常的地温。浇水宜采用小水勤浇、浇暗水的方法，并在晴天上午进行。

（6）**植株调整**　秋冬茬温室茄子多采用双干整枝。整枝不宜过早，应以侧枝长度达到 10～15 厘米时抹除为宜。抹杈位置不要紧贴枝干基部，一般以保留 1 厘米左右的短茬为宜，一般每3～5 天抹杈 1 次，做到细致周到、不留死角。在枝干顶到棚膜前，或拔秧前 1 个月左右，选择晴暖天的上午在花蕾上保留 1～2 片叶摘心。对茄收获后及时吊枝，吊枝时宜在晴暖天午后进行。

（八）病害防治

1. 乌皮果　又叫素皮茄子，果皮颜色不鲜明、无光泽，呈木炭状。一般从果实顶端开始发乌，严重时整个果面失去光泽。乌皮果的果皮弹性差，果实含水率比正常果低，有些果实变短呈灯泡形，失去商品价值。

防治方法：合理灌溉，缓苗至采收初期适当控水，防止植株徒长。开始采收后适当加大浇水量，以提高茄子的产量和品质。深翻土地，增施有机肥，促进根系生长、植株茂盛。另外，采用嫁接育苗技术，扩大根系分布范围，减少病虫害的发生。

2. 裂果　茄子果实形状不正，产生双子果或开裂。保护地栽培发生较多，露地栽培主要发生在门茄坐果期。开裂部位一般始于花萼下端，危害较重。

防治方法：一是选择肥沃土壤育苗和定植，结果初期和中期注意防止低温，后期防止高温多湿，保持土壤湿润。二是培育壮苗。三是定植前 1 天苗床浇透水，定植时尽量少伤根，加快缓苗。用 30 毫克 / 千克防落素溶液，对门茄进行喷花，可有效防止保护地茄子发生裂果。

3. 黄萎病　又称凋萎病、半边疯、黑心病等。主要危害成株茄子，一般在门茄坐果以后发病。病害从下而上或从一边向全株发展，初期叶片边缘及叶脉间变黄，以后发展到半叶或整个叶片变黄。早期病叶晴天高温时呈萎蔫状，早、晚或阴雨天尚可恢复，后期病叶由黄色变为褐色并干枯，叶缘上卷，严重时叶片脱落，只剩光秆。

防治方法：选择抗病品种，播前用55℃热水恒温浸种15分钟，使用腐熟农家肥和多年未种过蔬菜的大田土配制育苗土，采用嫁接育苗；与非茄科作物实行4年以上轮作，增施有机肥，合理密植，提高植株抗病性。定植前每亩用50％多菌灵可湿性粉剂2克与30千克细干土混匀，均匀撒于地面，结合整地混入土中，再行定植，防病效果较好。

4. 白粉病　发病初期叶面或叶背产生白色近圆形小粉点，环境适宜时逐渐扩大成边缘不明显的连片白粉斑，其上布满白色粉末状霉层，病叶枯黄发脆，但不易脱落。有时（秋季多见）病斑上出现散生或成堆的小黑点。后期可变成灰白色或红褐色，严重时植株枯死。

防治方法：可参考辣椒白粉病防治方法。

第三章

绿叶菜类蔬菜

一、芹菜栽培技术

（一）品种选择

1. 中国芹菜 以下简称本芹。主要栽培品种有天津白庙芹菜、津南实芹 1 号、石家庄实心芹菜、菊花大叶芹菜、潍坊青苗实心芹菜、济南青苗芹菜、北京细皮白芹菜、春丰芹菜、河南玻璃脆芹菜、津南实芹 2 号、津奇一号等。

2. 西洋芹菜 以下简称西芹。主要栽培品种有京芹 1 号、意大利夏芹、意大利冬芹、西芹 1 号、西芹 2 号、高犹他 52-70、宏程航育一号、津南实芹 3 号、C97-18 速生西芹、西育 1 号、宏程航育二号、航育三号、双港西芹等。

（二）播种育苗

1. 种子播前处理

（1）浸种催芽 播种前 6～8 天进行浸种催芽。如果种子不干净，先用 15～20℃清水淘洗，再用 15～20℃清水浸种 24 小时，让种子充分吸水。轻轻地搓揉种子上的黏液，换水搓揉淘洗 3～4 次。将淘洗干净的种子在阴凉处摊开晾至种皮表面无水分。然后用湿布包好，放到 15～20℃条件下，催芽期间每 6～8

小时翻动 1 次，每天用清水冲洗 1 次种子，晾干后继续催芽。当50%～70% 种子露白即可播种。

（2）**赤霉素处理**　如果使用当年的新种子，应在播种前 7 天用 0.08%～0.16% 赤霉素溶液处理，然后进行催芽。

2. 露地直播　春露地栽培芹菜采用直播方式。入冬前结合深翻施足基肥，一般每亩施充分腐熟有机肥 5 000 千克、过磷酸钙 50 千克。播种前再进行 1 次浅翻，然后做 1.2～1.5 米宽的栽培畦，春季在日平均温度达 5℃时即可播种。栽培畦内先浇透水，水渗入土壤后播种，每亩播种量 1～1.5 千克，播后盖 0.5厘米厚的苗床土。

苗期及时间苗，间除多余的小苗、弱苗和杂草，在幼苗长到3 片真叶时间定苗，本芹株距 10～13 厘米，西芹株距 25～30厘米，定苗后及时中耕除草。叶柄长 10 厘米、25 厘米时，每亩分别追施氮肥 10～15 千克，每次追肥后均要及时浇水，促进生长。叶柄长 30～40 厘米时即可收获。

春季露地直播芹菜容易出现未熟抽薹现象，最好以秧苗提前上市，也采取分次收割。一般每 2 个月收割 1 次，可延长收获至初冬，每次收获后每亩施充分腐熟农家肥 2 000～3 000 千克。

3. 育苗技术　芹菜育苗设施主要有阳畦、温床、小拱棚、大棚和日光温室等。

（1）**苗床准备**　苗床一般选择在地势较高、灌排水方便、土质肥沃、保水保肥能力强的壤土地块。前茬作物收获后深翻晒地3～5 天，使土壤松散后做畦。结合整地每亩苗床施充分腐熟农家肥 5 000 千克，深翻 20 厘米左右，耙碎搂平，做宽 1～1.2 米的育苗床，长度应根据实际情况而定。

（2）**播种**　播种前整齐地踩实苗床，再用钉耙搂平畦面并浇透水，最后再撒一层过筛的细潮土，以免泥土黏住种子和床面板结。播种前 1 天每亩用 33% 二甲戊灵乳油 1 000～1 500 克兑水225～300 升喷洒畦面，以防除杂草。将种子均匀地撒播在苗床上，播后撒盖一层 0.5 厘米厚的过筛床土，稍稍镇压一下。

（3）**苗期管理**　播种覆土后及时在畦面上盖草苫、秸秆、麦秸等，或架设竹竿高架遮阴。出苗后先浇水，再覆 1 次土，然后逐步撤去覆盖物。

早秋芹菜幼苗期要注意防止烈日暴晒，可在上午 8 时左右覆盖遮阳网遮阴等，下午太阳光较弱时撤除，随着秧苗长大遮阴时间应逐步后移，以利秧苗逐步适应外部气候环境，增强抗性。

如果育苗期处于冬春季节，外界温度过低或低温时间过长，会出现提前抽薹现象。因此，芹菜苗期一定要以防寒保温为主，为芹菜幼苗健壮地生长创造适宜的温度条件。幼苗出土期间，苗床温度保持 20～25℃，以促进迅速出苗；苗出齐后适当降温，苗床温度以 10～15℃为宜，以防徒长；几天后，苗床温度宜保持 15～20℃，超过 20℃时通风换气，夜间温度过高时要从上面的通风口通风，夜间温度降至 10℃时关闭通风口。夜间不能打开两侧通风口，以免降温过于剧烈，对芹菜幼苗生长不利。

播种后畦面要保持湿润，可小水勤浇，以满足芹菜种子发芽时对水分的需求；但中午前后要保持畦面泥土稍微发白，以利于秧苗向下扎根。浇水应在早、晚进行，苗出齐后至第一片真叶展开前，仍需小水勤浇，防止干旱死苗。第一片真叶展开后，仍要保持土壤湿润，但苗床水分不宜过多，否则易导致秧苗根须浮在表面不下扎，引起倒苗烂秧。当幼苗具 2～3 片真叶、苗高 10 厘米左右时，苗床土保持时干时湿，以利于多发根，促进根系的生长。本芹 4～5 片真叶、苗龄 50 天左右、苗高 10～15 厘米时定植；西芹幼苗 8～10 片真叶时方可定植。

幼苗期间苗 1～2 次。第一次间苗在幼苗出齐后进行，间苗后株距保持 1.5 厘米左右，并拔除弱苗和杂草。间隔 2 周要再间 1 次苗，使株距保持 3 厘米左右。间苗后轻浇 1 次水，浇水后再覆盖一层薄土，防止根系外露而死苗。

早秋芹菜苗期处于高温环境，不宜多施氮肥，否则会使植株过于幼嫩，易引起焦叶、黄斑。苗期可结合浇水追肥2～3次，可用10%腐熟稀粪水淋浇，以促进秧苗生长，提高成苗率，防止僵苗。

（三）大棚春提早芹菜栽培

1. 品种选择　本芹品种可选择天津白庙芹菜、津南实芹1号、津南实芹2号等；西芹品种可选择北京细白皮、春丰芹菜、北京铁杆青、高犹他52-70、意大利冬芹、美国芹菜等。还可选择适宜的地方品种。

2. 定　植

（1）**炼苗**　定植前10天左右，逐渐加大通风量，降低苗床温度，进行炼苗，使苗床温度逐渐与定植地的土壤温度一致。定植时本芹苗龄以60～70天为宜，西芹苗龄以80～90天为宜，幼苗株高10～13厘米，根系白而密集，具有4～6片真叶。

（2）**整地施基肥**　早春定植前15天左右扣棚，深翻土地2遍。结合翻地每亩施腐熟有机肥5 000千克、尿素30千克或三元复合肥25千克。整平后做宽1～1.5米的畦，或提前挖穴或开沟。

（3）**定植**　当棚内气温稳定在0℃以上、10厘米地温10℃以上时即可定植。如果棚内加扣小拱棚，定植期可提前5天左右。定植前1～2天苗床浇透水，以利起苗。起苗后把过长的主根剪掉，留4～6厘米长即可。定植应选暖头寒尾的晴天上午进行，定植时可开沟摆苗，也可挖穴栽苗。

本芹品种定植密度可大些，一般行距10～15厘米、株距8～10厘米；也可每穴2～3株，株行距适当加大，每亩定植3.5万～4万株。西芹单株定植密度要小些，一般株距25～30厘米、行距30～40厘米，每亩定植6 000～7 000株；如果要收获中小株，可适当缩小株行距，株行距可均为20厘米，每亩定植1.5

万～2万株。

栽植深度以幼苗在育苗畦的入土深度为标准，以不埋住心叶为度，一般为2～3厘米。

3. 田间管理

（1）**温度管理**　定植白天温度保持15～25℃、夜间10℃左右，在有寒潮袭击时，夜间应加盖草苫保温。生长后期随着天气转暖，棚内温度逐渐升高，要逐渐加大通风量，棚内温度保持20～25℃，超过25℃要及时通风降温。白天外界气温达到15℃以上时，可完全揭开棚膜，让芹菜接受自然光照射。夜间外界气温稳定在15℃以上时，可将覆盖物全部撤掉。

（2）**肥水管理**　定植时浇足底水，缓苗期间尽量少浇水，必须浇水时要浇小水。当气温逐渐升高、心叶开始生长时，发生大量侧根，要加大肥水供应，每5～7天浇1次水，每10～15天随水追肥1次，最好是速效氮肥和人粪尿交替施用，采收前不宜施用人粪尿，每次每亩施硫酸铵15～20千克或尿素7.5千克，或人粪尿10千克左右。

磷酸二铵、钾肥等淡红色或褐色化肥，随水追施会在芹菜茎基部产生一圈红褐色，使商品性降低或丧失，生产中避免施用。另外，芹菜还可采用根外追肥，可追施磷酸二氢钾、硼肥等叶面肥。

（3）**中耕除草**　浇水后要注意通风散湿，并及时划锄松土，促进根系生长。定植后应连续中耕3～4次，耕深3～5厘米，每次间隔5～7天，以提高地温，促进生根发棵。生长后期因植株已封行，不再进行中耕，随时将杂草拔除即可。中耕时向植株根部培土，有利植株正常生长。

4. 收获　一般本芹植株高40～60厘米及以上、有12～13片嫩叶时即可采收上市；西芹在定植后90天左右，植株外围叶片已充分长大，在叶柄尚未老化时及时采收。一般采用连根挖起的一次性采收方式，也可采用掰叶采收的方式。掰叶时，先把外围足够长又未老化的叶柄从基部掰下，每次每株掰 3～5 片叶，掰叶后 3～5 天、伤口愈合后，进行追肥浇水，经过 15～20 天进行第二次掰叶，掰叶 2 次后，下次连根挖起采收。

（四）大棚秋延后芹菜栽培

1. 品种选择　本芹品种选择津南实芹 1 号、天津白庙芹菜、北京铁杆青、潍坊青苗实心芹菜、河南玻璃脆芹菜、岚山芹菜等；西芹品种选择春丰、秋实西芹、柔嫩芹菜、意大利冬芹、美国芹菜、文图拉等。还可选择适宜的地方品种。

2. 定植　此茬芹菜于 11 月上中旬定植，定植前 10 余天扣棚。结合翻地每亩施腐熟圈肥 5 000 千克、三元复合肥 25 千克作基肥，深翻后耙平搂细，做宽 1.2～1.5 米的畦，北方地区多用平畦，南方地区多用高畦。如果进行软化栽培，则每两畦间需留出 1 个宽 66～100 厘米的夹畦。本芹苗龄 60 天左右，西芹苗龄 80 天左右，幼苗具 4～6 片真叶、苗高 10～15 厘米时可定植。

移苗前，育苗畦内浇透水。本芹株行距均为 12～13 厘米，西芹株行距均为 25～35 厘米，生产中可根据地块肥力情况和上市早晚加以调整。定植宜选阴天或傍晚进行，挖沟或挖穴，栽植深度以不埋心叶为度，要埋实，随栽随浇水。

3. 田间管理

（1）**缓苗期**　此期一般经历 10～15 天，要小水勤浇，经常保持畦面湿润。芹菜苗心叶开始生长时，缓苗期结束。

（2）**蹲苗期**　缓苗后植株开始生长，每亩随水冲施尿素 7.5 千克，然后浅中耕蹲苗。蹲苗期一般 15 天左右，此期内应适当控水。

（3）**营养生长旺盛期**　蹲苗结束后及时浇水追肥，以后每隔 10 天左右追肥 1 次，共需追肥 3～4 次，每次每亩可追施尿素 10 千克，或腐熟人粪尿 800～1 000 千克，以顺水冲施为宜。10 月中旬扣棚，严防芹菜遭受霜冻。棚内温度高于 25℃时及时通风，一般通顶风和腰风，以便排湿降温。若发现蚜虫和斑枯病应及时喷药防治。

（4）收获期 于元旦前后开始收获上市，可陆续供应到春节。不同采收方法产量也不同，一次性采收一般每亩产量5000千克左右；掰叶采收每亩产量可达7500千克。收获后随即翻地冻垡，以备及时种植早春蔬菜。

（五）日光温室越冬芹菜栽培

北方地区利用保温性能良好的日光温室，于7月中下旬至8月初播种，9月下旬至10月上旬定植，严霜到来后扣膜保温，翌年1~3月份上市。

1. 品种选择 西芹品种可选择双港西芹、宏程航育一号西芹、意大利冬芹、荷兰西芹、文图拉、佛罗里达683等；本芹品种可选择开封玻璃脆、津南实芹1号、津南实芹2号等。还可选择适宜的地方品种。

2. 定植 定植前先苗床浇透水，以利带土起苗少伤根系。越冬芹菜可加大定植密度；一次性收获上市的可适当稀植，掰叶收获的可密植些。本芹品种一般以株距10厘米、行距15厘米为宜，每亩栽植3.5万~4万株；西芹品种以株距20~25厘米、行距25~33厘米为宜，一般每亩栽植6000~8000株，密植时每亩栽植1.5万~2万株。定植时可将大而壮的苗栽植于大棚四周和门附近，弱小苗栽植于温光条件较好的中间位置。

3. 田间管理 日光温室越冬芹菜栽培一般11月上旬扣膜。扣棚初期不能扣严，中午前后通风换气，通风量应随着温度的下降逐渐减少。后期注意保温，可在棚膜上加盖草苫，一般白天温度保持20~23℃，超过25℃则通风；夜间温度保持13~15℃，不低于8℃。白天温度降至15℃以下时盖棚膜保温，夜间温度降至10℃以下时加盖草苫。即使在低温时期，也要尽可能地在温度较高的午后进行短时通风，防止有毒气体在棚内积累。

缓苗后和营养生长初期，每隔 5～7 天浇 1 次水。随着气温降低应逐渐减少浇水次数和浇水量，保持土壤湿润即可。

缓苗后中耕 2 次，期间蹲苗 1 周，蹲苗时不浇水，蹲苗后每 10 天左右浇 1 次水。一般在蹲苗后或苗高 10～15 厘米时开始每 20 天左右追肥 1 次，到心叶肥大期开始每 10 天追肥 1 次，每亩随水冲施尿素或三元复合肥 20～30 千克。扣棚前 20 天随水冲施人粪尿 1 000～1 500 千克。采收前 20～30 天或严冬季节一般不再追肥。根外追肥的方法同大棚秋延后栽培。

4. 收获 一般在株高 70～90 厘米时收获。越冬栽培芹菜，可以一次性采收，供应春节市场；也可以掰叶采收 2～3 次后再整株采收。

（六）早秋芹菜遮阴栽培

长江流域及北方地区早秋芹菜一般 5～6 月份播种，6～7 月份定植，8～9 月份采收上市；华南地区 6～7 月份播种，9～10 月份定植，12 月份至翌年 2 月份上市。

1. 品种选择 适宜品种有天津白庙芹菜、津南实芹 1 号、高犹他 52-70、文图拉、佛罗里达 683 及合适的地方品种。

2. 整地定植 定植前翻耙晒白土壤，每亩施腐熟厩肥 3 000～4 000 千克、过磷酸钙 40～50 千克、硫酸钾 7～10 千克、硫酸铵 30～40 千克，或腐熟鸡粪 750～1 000 千克、草木灰 100～150 千克，碎细耙平，将肥料与土壤充分混合均匀，采用高畦栽培，畦宽 1.2～1.5 米，畦高 20～30 厘米，沟宽 30～40 厘米。

幼苗具 4～5 片真叶、苗高达 10～15 厘米时即可定植，定植前 1～2 小时苗床浇透水。定植应在晴朗无风天气的傍晚或阴天进行，选用健壮无病、大小一致的幼苗单株定植。

栽植时宜浅，以埋住根基为度。栽后覆土压实，浇足定根水，并用遮阳网覆盖，以利缩短缓苗时间。一般西芹行距 25 厘米、株距 20 厘米，本芹行距 10～12 厘米、株距 8～10 厘米，可双株栽植。

3. 田间管理　早秋芹菜定植后要勤浇水，浇水一般在清晨和傍晚进行。定植后浇足定根水，第二天再浇 1 次，4～5 天后再浇 1 次水。待芹菜缓苗后每隔 3～4 天浇 1 次水，温度过高的天气每天浇 1 次水，尽量不使畦面干燥，并注意雨后及时排水。

早秋芹菜一般不进行蹲苗，缓苗后即可结合浇水进行追肥。定植后 7～10 天，可施 1 次 10% 左右的稀薄粪水或每亩随水冲施尿素 5 千克。以后根据生长情况，每亩可施尿素 10～12 千克或用 30%～40% 人粪尿水淋施 1～2 次，促进心叶生长。定植后 50～70 天重施追肥，每亩施尿素 15 千克、三元复合肥 10 千克，之后每亩可施尿素 10 千克、三元复合肥 5 千克。全期可追肥 5～6 次。采收前 20 天喷 1 次 0.005%～0.01% 赤霉素溶液。

早秋芹菜整个生长期都应注意进行遮阴保护，定植后缓苗期覆盖遮阳网，晴天每天上午 8～9 时覆盖，下午 5～6 时揭除，阴天昼夜均不覆盖，雨天必须覆盖。

早秋芹菜田间易滋生杂草，应结合中耕进行防除，中耕宜浅不宜深，一般中耕 2～3 次，结合中耕向根部培土。生长后期植株封行，可随时拔除大草。

早秋芹菜易受蚜虫危害，并可导致病毒病发生，应及时防治，同时注意防治斑枯病和斑点病。

（七）病害防治

1. 猝倒病　种子萌发后、幼苗出土前发病，表现为子叶和胚茎腐烂死亡，造成烂种；在子叶出土展开、真叶未抽出时发病，发病初期病苗茎基部呈水渍状病斑，之后病部变成黄褐色，并逐渐缢缩变细呈线状，幼苗猝倒死亡，病叶仍保持绿色不萎蔫。通常先个别苗发病，以此为中心向邻近植株蔓延，导致成片的幼苗倒伏。在高温高湿条件下，病株表面及周围土壤上长出一层白色棉絮状物。

防治方法：可参考黄瓜猝倒病防治方法。

2. 立枯病 主要发生在幼苗茎基部，发病时幼苗根茎基部发生椭圆形暗褐色病斑，发病初期幼苗白天萎蔫、夜间恢复；发病严重时，病斑扩展到整个茎基部，造成茎基部缢缩，地上部茎叶全部萎蔫枯死，一般不倒伏。在潮湿条件下，茎基部可见淡褐色霉状物。

防治方法：可参考黄瓜立枯病防治方法。

3. 叶斑病 发病初期，叶片有黄绿色水渍状斑点，扩大后逐渐发展成为圆形或不规则形病斑，病斑颜色很快变成褐色或暗褐色，略隆起，严重时病斑扩大互相连成片，在潮湿条件下病斑上有灰色霉层，但无黑色斑点（这是与斑枯病的主要区别），叶片内部组织多呈薄纸状，最终造成叶片干枯死亡。叶柄及茎上的病斑初为水渍状条斑或椭圆形斑，后变成暗褐色稍凹陷斑，严重时叶柄折倒。高温高湿条件下病斑上出现灰白色稀疏霉状物。

防治方法：选用抗病品种，发病重的地块实行2～3年轮作。合理浇水，控制温度，减少结露时间。定植前，用50%多菌灵可湿性粉剂500～800倍液喷施苗床。发病初期，用50%多菌灵可湿性粉剂500～800倍液，或75%百菌清可湿性粉剂600倍液，或65%代森锌可湿性粉剂600倍液喷施，每7～10天喷1次，连喷2～3次，注意交换用药。设施栽培，也可每亩用45%百菌清烟剂200～250克，或5%百菌清粉尘剂1000克，熏烟或喷粉，每7～9天施药1次，连续交替施药2～3次。

4. 斑枯病 该病有大斑型和小斑型两种，南方地区多发生大斑型斑枯病，北方地区多发生小斑型斑枯病。一般先在老叶上发生，后传染到新叶上，初为淡褐色油渍状小斑点，扩大后中部呈褐色并开始坏死，外缘多为红褐色，中间散生少量小黑点，此症状多为大斑型。大斑型与小斑型开始时不易区别，小斑型后期病斑中间呈黄白色或灰白色，边缘明显并聚生很多黑色小粒点，病斑外部有一圈黄色晕环，病斑较小。叶柄和茎部染病，病斑边缘明显呈褐色长圆形稍凹陷，中部散生黑色小点，严重时病斑中心坏死至全叶枯死。

防治方法：选用抗病品种，如黄嫩西芹、文图拉等。严禁大水漫灌，棚内及时通风排湿。发病田实行 2～3 年轮作换茬，收获后及时清除病残体并深翻。定植前用 50% 多菌灵可湿性粉剂 500～800 倍液，或 0.5∶1∶200 波尔多液喷施苗床。常发病地区，当芹菜苗长至 3 厘米高时即开始喷药预防，每 10 天左右喷 1 次；发病初期每 7～10 天喷药 1 次防治，连续喷 2～3 次。药剂可选用 50% 多菌灵可湿性粉剂 500 倍液，或 75% 百菌清可湿性粉剂 600 倍液，或 70% 代森锰锌可湿性粉剂 500 倍液。设施栽培，也可每亩用 45% 百菌清烟剂 350 克熏烟 4～6 小时，或用 5% 百菌清粉尘剂 1 千克喷粉。

5. 软腐病 一般先从柔嫩多汁的叶柄组织开始发病，发病初期叶柄基部呈现水渍状纺锤形或不规则形凹陷病斑，迅速扩展后病斑呈黑褐色或黄褐色腐烂并有臭味，干燥后呈黑褐色，最后只残留表皮及维管束，严重时生长点烂掉，甚至全株枯死。

防治方法：发病初期可用 20% 噻菌铜悬浮剂 400 倍液，或 90% 新植霉素可溶性粉剂 1 500～2 000 倍液，或 12% 松脂酸铜乳油 500 倍液喷洒，每 7～10 天喷 1 次，连续 2～3 次。

6. 黑腐病 发病部位主要在近地表的根颈部和叶柄基部，根部有时也会受害。染病后受害部位先为灰褐色，扩展后呈暗绿色至黑褐色，初期表皮完好无损，后破裂露出皮下染病组织，变黑腐烂，尤以根冠部易腐烂。腐烂处很少向上或向下扩展，病部生出许多小黑点，叶先下垂呈枯萎状。患病植株矮小细弱，严重时外面 1～2 层叶片脱落。土壤连作、田间通风不良、湿度大时易发病。

防治方法：发病初期即进行药剂防治，每 7～10 天喷 1 次，连续 2～3 次。可选用 40% 琥铜·甲霜灵可湿性粉剂 700～800 倍液，或 86.2% 氧化亚铜可湿性粉剂 1 000 倍液，或 75% 百菌清可湿性粉剂 700～800 倍液喷施。

设施栽培还可每亩用 45% 百菌清烟剂 0.25 千克，或用 5% 百菌清粉尘剂 1 千克，熏烟或喷粉防治，每 7～8 天 1 次，连续防治 2～3 次。

7. 沤根 发病的幼苗生长极为缓慢，长期不长新根，幼根外皮呈锈褐色，逐渐腐朽。地上部分茎叶生长受阻，叶色变淡或变黄，不生新叶，发病前期中午前后茎叶多呈萎蔫状，最后枯死。发病幼苗极易从土中拔起。

防治方法：苗床选择在地势较高、地下水位低、排水良好的地块。控制好苗床的温湿度，适时通风排湿，采用酿热温床或电热温床育苗，避免因苗床温度过低、湿度过大而发生病害。在光照不足的冬季，应注意改善苗床光照条件，如清洁棚膜、及时掀揭保温覆盖物，以减少发病机会。

8. 黑心病 发病初期心叶叶缘出现褪绿斑、叶脉间变褐色，之后叶缘细胞逐渐死亡呈黑褐色，心叶凋零枯死。然后向短缩茎蔓延，病部变黑呈干腐状，因此也有人称这种病害为芹菜干烧心病、芹菜烧心病。发病较轻的短缩茎中心发生病变，但四周可以生长略向外扩展的叶片。湿度较大时，心叶变成黑褐色湿腐状，短缩茎中央褐腐，整株倒伏或枯死。植株缺钙易诱发黑心病。

防治方法：加强温湿度管理，平衡施肥，提高芹菜对钙的吸收能力。出现症状后可叶面喷施 0.3%～0.5% 硝酸钙溶液，或 0.3%～0.5% 氯化钙溶液，或 1% 过磷酸钙浸出液，每 7 天喷 1 次，连续喷 2～3 次。也可以在芹菜长到 7～8 片真叶时，提前叶面喷施钙溶液，预防因缺钙而发生黑心。

9. 叶柄开裂 生育前期低温、干旱植株生育严重受阻，其表皮角质化；后期突然遇到高温、高湿条件，植株急剧吸水，使组织膨胀，引发叶柄开裂。

防治方法：结合深耕松土增施有机肥，改良土壤，增强土壤抗旱能力；加强肥水管理，促进根系生长发育，增强芹菜抗旱、抗低温能力。创造适宜的温湿度条件，避免大旱、大涝。

10. 叶柄空心　空心是一种生理老化现象，一般从叶柄基部向上延伸，空心部位呈白色絮状，木栓化组织增生，使芹菜品质严重下降。

防治方法：选用种性纯的优良实心品种。创造适宜芹菜生长的冷凉湿润环境条件，防止冻害和提早抽薹。选择富含有机质、保水保肥力强的土壤种植，避免在盐碱地栽培芹菜；定植前要施足基肥，定植后适当蹲苗，生长期适时追肥浇水。发现叶色较淡等脱肥症状时，用 0.1% 尿素溶液叶面喷肥，加以补救；施用赤霉素时应加强肥水管理。此外，适期收获可以防止实心芹菜出现空心现象。

11. 缺硼症　缺硼时芹菜叶柄异常肥大短缩，并向内侧弯曲。弯曲部分的内侧组织变褐色，逐渐龟裂，叶柄扭曲以致劈裂。心叶缺硼时，先由幼叶边缘向内逐渐褐变，最后心叶坏死。

防治方法：缺素症最好以预防为主，采取测土配方施肥，如果土壤缺硼，每亩施硼砂 1 千克左右。生长中期出现缺硼症状时，可叶面喷施 0.1%～0.3% 硼砂溶液补救。

二、生菜栽培技术

（一）品种选择

1. 适宜大棚春提早种植的品种　结球生菜应选择耐寒、抗病、耐抽薹、早熟和适应性强的大球品种，如皇帝、千胜、大湖659 等；散叶生菜可选择广东玻璃生菜、美国大速生、意大利生菜、软尾生菜等。

2. 适宜大棚秋延后种植的品种 大棚生菜秋延后栽培播种时正值 8 月中旬至 9 月中旬，应选择耐热、抗病的中熟品种，如奥林匹亚、凯撒、萨林娜斯、绣球生菜等；9 月中旬以后播种的可选用大球、耐寒品种，如青白口结球生菜、大湖 659 等。

3. 适宜日光温室种植的品种 结球生菜可选择耐热、抗寒、高产优质的品种，如皇帝、凯撒等。散叶生菜可选用耐寒、抗病性强、产量高、品质好且适宜温室种植的品种，如大湖 659、玻璃生菜、奶油生菜等。

4. 适宜越夏种植的品种 生菜性喜冷凉，在高温强光的夏季栽培较困难，生产中多采用遮阳网覆盖技术进行越夏栽培，可选用耐热性强、抗病、早熟品种，如奥林匹亚、凯撒、皇帝等。

（二）播种育苗

1. 苗床及营养土准备 选择地势高燥、背风向阳、阳光充足、排灌方便、交通便利、土壤富含腐殖质的地块，苗床以东西向为宜。

播种苗床的培养土按园田土 6 份、腐熟过筛厩肥或堆肥 4 份配制；分苗移植苗床土按园田土 7 份、厩肥或堆肥 3 份配制。每立方米培养土添加尿素或硫酸铵 400～600 克、磷酸钾或硝酸钾 800～1 000 克，或三元复合肥 1 000～1 500 克。苗床土以 10～12 厘米厚为宜。

为防止土壤带菌，应进行消毒处理，可用多菌灵溶液喷洒土壤，按 1 000 千克床土用 50% 多菌灵可湿性粉剂 25～30 克的比例施用，充分搅拌后用塑料薄膜覆盖密闭，闷 3～4 天即可杀死土壤中枯萎病、立枯病等病菌。

采用苗床育苗的，在播种前浇足底水，待水渗下后在畦面上撒一薄层过筛细土，随即均匀撒播种子，可将种子掺入少量细潮土，混匀撒播。播后覆盖 1～2 毫米厚的细土，低温季节可覆盖地膜增温保湿。每亩用种量 25～30 克，苗床面积与定植面积之比约为 1∶20。

也可采用营养钵育苗。营养钵育苗用种量少，成活率高，幼苗质量也高，定植后不用缓苗即可快速生长。营养土装钵时不宜过满，上部要留出 1～1.5 厘米的距离，以便播种时覆土和出苗后再覆土。播前浇水。

大规模生产多采用穴盘基质育苗。培育 3～4 片叶小苗的可用 128 孔苗盘，培育 4～5 片叶大苗的以 72 孔苗盘为宜。生菜播种常用基质配方为草炭和蛭石按 1∶1 比例混合，分苗基质配方为草炭和蛭石按 3∶1 比例混合。一般每穴播 2～3 粒种子，最后留 1 株健壮的幼苗。

2. 种子处理

（1）**干籽直播**　播种前可用种子干重 0.3%～0.5% 的 75% 百菌清可湿性粉剂拌种，拌种后立即播种。

（2）**湿籽播种**　高温季节播种，易出现热休眠，导致种子发芽困难，需进行浸种催芽处理。可用 15～18℃清水浸种 8～12 小时，捞出后用湿润毛巾包裹，在 15～20℃条件下催芽，2～3 天即可出芽。也可采用 6–苄氨基嘌呤（细胞激动素）100 毫克/千克溶液浸种 3 分钟，或用赤霉素 1000 毫克/千克溶液浸种 2～4 小时，当 70% 种子露白时即可播种。

3. 育苗时期　秋季栽培于 7 月下旬至 8 月下旬播种，冬季棚室栽培于 10～11 月份播种，春季小拱棚栽培于 2 月中下旬播种，春季露地栽培于 4 月上旬以后陆续播种。高温季节播种的应采取遮阴降温措施。

4. 播种　一般播种期要比定植期早 40～50 天（阳畦育苗要提早 60 天左右）。由于我国南北方气候和栽培方式不同，各地的播期也有差异，播种最好选冷尾暖头的天气进行。

确定适宜的播种密度相当重要。播种过稀，出苗太少，浪费人力物力；播种太密，出苗太多，过分拥挤，易引起秧苗徒长，不利于培育壮苗。

生菜生长期短，可利用不同保护设施分期播种周年生产。4～9月份播种的生菜，苗龄20天左右；10月份至翌年3月份播种的生菜，苗龄30～40天，一般幼苗具4～5片叶定植。生菜种子发芽需要光照，故播种不宜太深，播后在上面覆盖一层薄薄的营养土，以浇水后不露种子为宜。

5. 苗期管理　播种后，苗床温度保持15～20℃，同时保持营养土或基质湿润，经3～4天出齐苗。出苗后白天温度保持15～18℃、夜间10℃左右，不低于5℃。在7～8月份播种的苗床温度不宜超过25℃，否则发芽缓慢，甚至发生热休眠。幼苗2叶1心期，土壤相对含水量保持75%～80%，可结合喷水叶面喷施0.2%～0.3%尿素和磷酸二氢钾溶液。幼苗具3片真叶时，按株行距8厘米×8厘米分苗，具4～6片叶时即可定植。

（三）大棚生菜春提早栽培

1. 整地定植　生菜栽培应选择有机质丰富、疏松、保水、保肥的土壤，结合整地每亩施腐熟农家肥5 000～6 000千克，或腐熟有机肥1 500千克、过磷酸钙40～50千克、氯化钾8～10千克、硫酸铵20～25千克，深翻25厘米，耙匀后做畦。一般采用平畦栽培，畦宽1～1.2米；也可做成高畦，畦宽0.8～1米。10厘米地温稳定在5℃以上时即可移栽定植，行距40～45厘米，株距25～35厘米，每亩结球生菜栽植5 000～6 000株，皱叶生菜栽植6 000～8 000株；散叶生菜按15厘米×15厘米株行距定植，每亩栽植2.5万～3万株。起苗前苗床浇透水，起苗时注意不能损伤根系和叶片，尽量带土坨定植。定植不宜太深，定植后及时浇定植水。

2. 田间管理

（1）温度管理　定植时外界温度较低，定植后应注意大棚保温，可采用多层覆盖措施。结球生菜，缓苗后到开始包心前，白天温度保持15～20℃、夜间不低于10℃。从开始包心到叶球长成，白天温度保持18～20℃、夜间12～15℃；为了延长供应期，白天温度可保持10～15℃、夜间不低于5℃。

（2）**肥水管理**　定植时浇透定植水，一般在3～4天后即可缓苗，7天后浇缓苗水，缓苗后及时中耕，整个生育期应保持土壤湿润疏松。结球生菜对水分要求较高，一般幼苗期土壤见干见湿，发棵期适当控制水分，结球期加大水分供应，结球后期水分不宜过多、避免发生裂球，采收前停止浇水，否则易发生腐烂。结球生菜生长期较长，需肥较多，除施足基肥外，生长过程中还要结合浇水进行追肥，一般在浇缓苗水时每亩随水冲施三元复合肥15～20千克或硝酸铵5～10千克；心叶开始抱球时，每亩随水冲施三元复合肥10～15千克或硝酸铵15～20千克。散叶生菜和皱叶生菜生长期较短，一般结合喷水叶面追肥2～3次即可，可叶面喷施0.2%磷酸二氢钾溶液或其他叶面肥。生产中既要保持充足的水分，又要防止水渍的发生。

3. 采收　结球生菜的成熟期不尽一致，应根据品种特性随成熟随采收，一般定植后50～60天即可采收，采收标准为叶球松紧适中。散叶生菜和皱叶生菜没有严格的采收标准，生产中可根据市场和生长状况等因素确定，一般定植后40～50天即可采收。

（四）大棚生菜秋延后栽培

1. 定植　定植前清洁田园，结合整地每亩施腐熟有机肥6 000～7 000千克，或有机复合肥450～500千克，耙细做畦，采用小高畦栽培，要求畦面平整、土壤松细。结球生菜可采用畦宽0.9～1.2米，每畦栽3行，株距30～35厘米，每亩栽植3 300株左右。散叶生菜和皱叶生菜栽培密度可适当大些。

2. 田间管理

（1）**温度管理**　缓苗到包心前，白天温度保持15～20℃、

夜间不低于 10℃。从开始包心到叶球长成，白天温度保持在
20℃左右、夜间 15～18℃；为了延长供应期，温度应适当降低，
白天温度保持 10～15℃、夜间不低于 5℃。在全年最冷的 12 月
份至翌年 1 月份，为预防低温危害，应采取保温措施，如采用多
层塑料薄膜覆盖，或用无纺布覆盖在结球生菜上面。

（2）**肥水管理**　定植前浇足底水，定植后浇足定植水，7
天后浇缓苗水，缓苗后到封行前保持土壤湿润。浇水后进行中
耕 1～2 次。为防止病害发生和蔓延，封行后不进行畦面灌溉，
可在畦间沟中灌溉，采收前 2 周停止浇水。定植后 2 周，植株
具 5～6 片叶时，每亩追施三元复合肥 10 千克。开始结球时每
亩追施三元复合肥 10 千克。散叶生菜和皱叶生菜可进行叶面
喷肥。

（五）日光温室生菜栽培

日光温室保温性好，可以进行四季生菜栽培，生产中主要是
秋冬茬、越冬茬和冬春茬栽培。

1. 整地定植　结合整地，每亩施腐熟农家肥 5 000 千克、三
元复合肥 15 千克，深翻耙细，整平做畦，畦宽 1～1.2 米，结
球生菜按株行距 25 厘米×35 厘米定植，散叶生菜按 20 厘米×
30 厘米定植。定植时以苗坨与畦面持平为宜，浇足定植水。

2. 田间管理

（1）**温度管理**　在外界气温降至 2℃时扣膜，可通底风使生
菜适应。外界出现霜冻时，夜间不通风，只在白天进行通风，棚
内温度白天保持 18～22℃、夜间 12～14℃。并通过覆盖透光率
高的棚膜、按时揭盖草苫、及时清除棚膜上的灰尘，增加进光
量。注意温室通风换气，即使遇到连阴天也应短时间通风，降
低棚内湿度，防止湿度过大引发病害。当外界温度低于 0℃以下
时，夜间覆盖草苫或保温被，加强保温。

（2）**肥水管理**　缓苗后 7～10 天浇水，每亩随水冲施三

元复合肥 20 千克。浇水后及时中耕，生菜根系较浅，中耕不宜太深。结合中耕进行蹲苗，当心叶开始变绿时结束蹲苗，由"控"转"促"。一般每 5～7 天浇 1 次水，畦面相对含水量保持 60%～70%，结合浇水每亩追施三元复合肥 10 千克左右。浇水要均匀，否则会裂球或烂心。随着温度降低应控制浇水量，采收前 10 天停止浇水。

（六）生菜越夏栽培

生菜性喜冷凉，在高温强光的夏季栽培较困难，生产中可采用遮阳网覆盖技术进行生菜越夏栽培。

1. 整地定植　定植前 1 周，在棚面上覆盖遮阳网。结合整地每亩施腐熟有机肥 3 000～4 000 千克、三元复合肥 20～25 千克，深翻土地，耙细整平后做成宽 0.9～1.2 米的高畦或宽 1.5 米的平畦。定植前苗床浇透水，带土起苗。选晴天的傍晚或阴天进行定植，按株行距 20～25 厘米×30 厘米定植，定植深度以刚埋没土坨为宜，不能埋住心叶。定植后立即浇定植水。

2. 田间管理

（1）温度管理　当棚内温度升至 25℃时及时覆盖遮阳网，以防高温危害；下午温度降至 20℃时，拉开遮阳网，增加室内光照。

（2）肥水管理　生菜生长需要水分较多，应保持田间湿润。在幼苗具 5～8 片新叶后，结合浇水每亩追施尿素 10～15 千克。开始结球时加大浇水量，结合浇水每亩追施三元复合肥 15 千克。浇水应选择傍晚进行，浇水要均匀。采收前 3～4 天停止浇水。

（七）生菜水培

1. 品种选择与茬口安排　水培生菜应选择早熟、耐热、耐抽薹的散叶生菜，如奶生一号、美国皇帝、意大利耐抽薹生菜等。散叶生菜生长期短，没有严格的采收标准，在环境条件良好的设施中可以错开播种，周年生产，一年中可生产 10～20 茬。

2. 育苗　采用无土育苗，可用水培，也可用基质培。水培时育苗盘选用长 60 厘米、宽 24 厘米、高 4 厘米的平底不漏水塑料盘，用 3 厘米见方的海绵块作为固定种子的基质。每块播 2～3 粒种子，播后将苗盘加满清水，使水浸到海绵体表面。为了增加湿度，应每天给种子表面喷雾 2～3 次，直至出芽。也可用草炭：蛭石为 1：1 的基质育苗。

3. 定植　幼苗具 3～4 片真叶时为定植适期。海绵块育苗的，可直接将海绵块连同幼苗放入定植杯中；基质育苗的，应将幼苗从育苗盘中取出，用清水洗去根系上的基质后放入定植杯中，用海绵固定。

4. 田间管理　定植初期，由于幼苗根系短而小，要求高水位，以距离盖板 0.5～1 厘米为宜。随着根系生长，可逐渐降低液面，加大液面与盖板之间的距离。选择适宜生菜的营养液配方，配制平衡的营养液。根据气候和生菜生长情况，定期测量、记录营养液消耗量，检测营养液的电导率（EC）和酸碱度。水培生菜适宜的 EC 值冬季为 1.6～1.8 毫西／厘米、夏季为 1.4～1.6 毫西／厘米，适宜的 pH 值为 6～7。采用循环供液方法，用定时器控制营养液的供液时间，每天上午 8 时至下午 3 时供液，每隔 2 小时供液 30 分钟，夜间不供液。前茬生菜收获后，将栽培槽内的残根及其他杂物清理干净，补充水分和营养液即可定植下一茬。连续栽培 3～4 茬生菜后更换 1 次营养液。

5. 采收　不结球生菜没有严格的采收标准，可根据市场情况进行采收。采用分期播种分批采收，可达到周年均衡供应。

（八）生菜有机生态型无土栽培

有机生态型无土栽培是指不用天然土壤，而是用农业废弃物如秸秆、菇渣、家禽粪肥等经腐熟发酵和消毒而成的有机固态肥料；不用传统营养液而直接用清水灌溉作物的栽培方式。

1. 设施系统构造　有机生态型无土栽培系统采用基质槽培形式。在无标准规格的成品槽供应时，可选用木板、木条、竹竿甚至砖块等当地易得的材料建槽，槽框建好后，在槽的底部铺一层 0.1 毫米厚的聚乙烯塑料薄膜，以防止土壤病害传染。槽边框高 15～20 厘米，槽宽约 48 厘米，可供栽培 2 行，栽培槽间距 0.6～1 米。槽长依棚室建筑状况而定，一般为 5～30 米。有自来水基础设施或水位差 1 米以上储水池条件时，可以单个棚室建成独立的供水系统。栽培槽宽 48 厘米可铺设 1～2 根滴灌带，栽培槽宽 72～96 厘米可铺设 2～4 根滴灌带。

2. 营养管理　定植前，每立方米基质中混入消毒鸡粪 10～15 千克、磷酸二铵 1 千克、硫酸铵 1.5 千克、硫酸钾 1.5 千克作基肥。定植后 20 天左右追 1 次肥，每立方米追施三元复合肥 1.5 千克。以后只需浇灌清水，直至收获。

3. 采收　不结球生菜没有严格的采收标准，秧苗长到一定大小即可采收。为了表示是无土栽培的产品，采收时可以连根拔出，带根出售。或经过去除老叶、病叶、黄叶等简单加工后，用保鲜膜包装上市。

（九）病虫害防治

1. 侵染性病害　生菜猝倒病、立枯病等侵染性病害防治参考芹菜病害防治方法。

2. 虫　害

（1）甘蓝夜蛾　又名甘蓝盗蛾、菜夜蛾等。以幼虫危害叶片，初孵幼虫集中在叶背，白天不动，晚上啃食叶肉，残留表皮，呈密集的"小天窗"状。三龄幼虫将叶片吃成孔洞或缺刻，四龄幼虫分散危害，昼夜取食，高龄幼虫可钻入叶球内部危害，并排出粪便污染叶球，引起腐烂。

防治方法：秋冬季节深翻土地消灭越冬蛹，成虫产卵季节清除杂草消灭部分虫卵。二龄前幼虫不分散，结合田间管理及时摘除。成虫期设置黑光灯诱杀，产卵期释放赤眼蜂进行生物防治。幼龄虫抗药性差且集中，应及时进行药剂防治。可选用苏云金杆菌、杀螟杆菌、青虫菌粉剂 500～1500 倍液（温度 20℃以上时喷雾），或 2.5% 多杀霉素悬浮剂 1000～1500 倍液，或 5% 氟啶脲乳油 3000～4000 倍液，或 1.8% 阿维菌素乳油 2500～3000 倍液，或 1% 印楝素水剂 800～1000 倍液，或 0.5% 藜芦碱可湿性粉剂 800～1000 倍液，或 0.65% 茼蒿素水剂 400～500 倍液喷雾。

（2）**小地老虎**　又名地蚕、土蚕等。幼虫啃食幼苗近地面茎基部，后期可将其咬断，致幼苗死亡，造成缺苗断垄，严重时毁种。

防治方法：早春清除田间及周围杂草防止小地老虎产卵，深翻整地、多次中耕、细耙消灭表层幼虫和卵块。采用捕虫灯诱杀成虫，也可用发酵变酸的甘薯、胡萝卜、水果等加入适量药剂诱杀成虫，或选择其喜食的灰菜、艾蒿等杂草堆诱集幼虫，从而进行人工捕杀。1～3 龄幼虫对药剂较敏感且暴露在寄主植物或地面上，为药剂防治适期，防治方法与甘蓝小地老虎同。

（3）**小菜蛾**　又名菜蛾、方块蛾，幼虫俗称吊死鬼，主要以幼虫危害叶片。1～2 龄幼虫取食叶肉残留表皮，在叶片上形成透明斑，称为"开天窗"。3～4 龄幼虫可将叶片吃成孔洞或缺刻，严重时全叶被吃成网状。苗期常集中危害心叶，影响幼苗生长。

防治方法：避免与十字花科蔬菜连作，利用成虫的趋光性，设置黑光灯或高压诱虫灯诱杀成虫，也可利用性诱剂诱杀。小菜蛾虫体小，繁殖快，使用农药频繁极易产生抗药性。因此，药剂防治时必须不同性状药剂交替施用，优先施用非化学杀虫剂。具体防治方法与甘蓝夜蛾同。

（4）**蝼蛄**　俗称白地蚕、白土蚕等。蝼蛄啃食蔬菜萌发的种子，咬断幼苗根茎，致使幼苗死亡，严重时造成缺苗断垄。成虫取食叶片，有时也危害花及果实。

防治方法：避免与大豆、花生、玉米等作物套种，实行水旱轮作或与葱蒜类轮作。施用充分腐熟农家肥，以免将幼虫和虫卵带入田间。适时秋耕，将部分成虫和幼虫翻到地表，使其风干、冻死或被天敌捕食及机械杀伤，减少虫源。成虫盛发期用黑光灯诱杀。发现植株受害，可人工挖出土中的幼虫。利用成虫假死性，敲击寄主震落捕杀。每公顷用80%敌百虫可溶性粉剂1.5～2.25千克，或3%氯唑磷颗粒剂15～22.5千克拌适量细土制成毒土，均匀撒在播种或定植沟内，其上再覆一层细土。发生严重时可用40%辛硫磷乳油1 000倍液，或80%敌百虫可溶性粉剂800倍液灌根，每株灌药液150～250毫升。危害盛期可选用10%醚菊酯悬浮剂1 200～1 500倍液，或3%啶虫脒乳油1 000～1 200倍液，或10%氯氰菊酯乳油1 000～1 200倍液喷雾。

3. 生理性病害

（1）**顶腐病** 此病多在结球生菜的结球期或采收后发生。在田间表现为外层球叶叶缘褪绿坏死，叶肉组织失水呈灰白色至灰褐色薄纸状，略向外卷。随着病情的发展，坏死斑扩大，同时多层球叶出现类似症状，导致整个叶球萎蔫、坏死干缩，失去食用价值。发病较轻时，外部叶片基本正常，但内部叶片叶缘不规则坏死，干缩呈纸状。主要是由于生长期高温导致不能有效地供应钙所致，或肥水供需失衡，造成生理性缺钙。

防治方法：合理追肥，注意氮、磷、钾肥配合施用，避免偏施氮肥。如已发生症状，可选用0.7%氯化钙溶液＋萘乙酸2 000倍液，在包心初期开始分次喷洒心叶，或追施专用氯化钙缓释颗粒剂。

（2）**营养失调症** 缺氮会导致植株长势弱，叶色淡绿，症状首先在外叶上表现，抑制叶片分化，影响产量。严重时全株黄化，老叶脱落，幼叶生长停止，结球生菜包心延迟或不包心；缺磷会导致植株生长差，叶色暗绿、无光泽，叶片少，产量降低，先在外叶上发生；缺钾会导致下位老叶叶片皱缩，叶缘焦枯；缺钙会导致生长点腐烂，新叶展开困难，叶尖叶缘卷曲或枯焦，发生顶腐病；缺镁会导致叶脉间均匀黄化或黄白化，叶脉呈现绿色，总体上表现为网状花叶，叶缘有时会焦枯。先从老叶开始发病，严重时叶片僵硬，叶面凹凸不平，全株叶片黄化，叶片脆硬，不堪食用；缺硼导致生长点坏死，新叶生长受阻、皱缩，叶缘焦枯。茎部发生侧枝，髓部发生水渍状病斑，横裂成空腔，附近肉质变褐湿腐，折倒枯死。

防治方法：施足基肥，采用配方施肥。根据缺素表现进行相应施肥，如缺镁，每亩可追施硫酸镁 5 千克，或叶面喷施 0.5% 硫酸镁溶液；缺硼，每亩用硼砂 1～2 千克硼砂作基肥，生长初期和中期用 0.1% 硼砂溶液叶面喷施；缺铁，可叶面喷施 0.2%～0.5% 硫酸亚铁溶液。

三、菜心栽培技术

（一）品种选择

菜心栽培早熟品种可选择四九、油绿粗薹等；中晚熟品种可选择一刀齐、青柳叶、柳叶晚等。

（二）播种育苗

1. 播种时间　华北地区露地栽培分春、秋两季。春季露地栽培早熟品种和晚熟品种均可，3～4 月份播种，4 月下旬至 6 月初采收。秋季露地栽培选用中早熟品种，8～9 月份播种，9～11 月份采收。保护地栽培，选用晚熟品种，于 10 月份至翌年 2 月份播种，播种后 2 个月即可开始采收。长江流域及以南地区，早熟品种 4～8 月份均可播种，播种后 30～45 天开始采收，5～10 月份为采收期；中熟品种 9～10 月份播种，播种后 40～50 天收获，10 月份至翌年 1 月份为采收期。晚熟品种 11 月份至翌年 3 月份播种，播种后 45～55 天开始收获，采收期为 12 月份至翌年 4 月份。

2. 播种育苗 菜心可以直播，也可以育苗，为节省土地，以育苗为宜。苗床应建在未种过十字花科作物的地块，宜选用沙壤土或壤土，每亩施腐熟有机肥 3 000 千克，浅翻耙平，做平畦。播前浇大水，水渗下以后撒种。播种前，用种子重量 0.3% 的 50% 福美双或 75% 百菌清可湿性粉剂拌种，撒种后覆土 0.5～1 厘米厚。苗出齐后，立即间苗，在第一片真叶展平前共间苗 2～3 次，最后保持苗间距 3～5 厘米。第一片真叶展开时追 1 次肥，每亩施尿素 10 千克，或人粪尿液 500～700 千克，促进幼苗生长。苗期保持土壤见干见湿，每 5～7 天浇 1 次水。定植时秧苗的形态：具 4～5 片叶，苗龄 18～22 天，根系发达完整。

（三）整地定植

菜心是速生菜，根系浅、生长期短、栽植密度大，必须施足基肥。一般每亩施腐熟农家肥 3 000～4 000 千克、过磷酸钙 50 千克和适量钾肥。畦宽 1.6～1.7 米、高 20～30 厘米，呈龟背形。深翻后做成平畦，若定植期较晚，也可做成高畦，以利生长后期排水防涝。早熟品种株行距 13 厘米×16 厘米，晚熟品种 18 厘米×22 厘米。定植时应小心，少伤根系，以利缓苗。定植后及时浇水。

（四）田间管理

1. 春季栽培管理 菜心缓苗快，生长迅速，需肥量大，应及时追肥。幼苗定植后 2～3 天发新根时，结合浇水，每亩施腐熟人粪尿液 500～1 000 千克，或尿素 10 千克，促使秧苗迅速生长。植株现蕾时，每亩施人粪尿 500～1 000 千克，或尿素 10～15 千克，促进菜薹迅速发育。大部分主薹采收后，每亩施人粪尿 1 000 千克，或尿素 10～20 千克，以促进侧薹发育。生长期每 3～5 天浇 1 次水，保持土壤湿润。

2. 秋季栽培管理　秋季栽培时，外界气温高，土壤蒸发量大，植株生长迅速，因此应勤浇水，一般每 2～3 天浇 1 次水，保持土壤湿润。进入 10～11 月份，气温逐渐下降，可适当减少浇水，每 5～7 天浇 1 次水。生长期追肥与春季栽培相同。生长前期应及时人工除草，防止发生草荒。秋季病虫害发生严重，应及时防治。

3. 越冬栽培管理　利用保护设施进行越冬栽培，菜心可从初冬一直供应到翌年春季，是菜心四季栽培周年供应的重要一环。

（1）栽培设施　菜心较耐寒，一般利用保温性能稍差、造价较低的日光温室，或塑料大棚、中棚、小棚及风障阳畦。

（2）育苗　菜心越冬栽培一般采用晚熟品种，育苗期正值寒冬，故育苗畦应建在风障阳畦或日光温室内。苗期白天温度保持 15～20℃、夜间 10～12℃，生产中既要防止冬季出现 0℃低温发生冻害，又要防止早春或初冬晴暖天气出现 25℃以上高温造成徒长，以免降低菜薹品质。苗期因气温低、蒸发量小，一般在播种时浇透水，整个苗期不用浇水，也不用追肥。其他管理同春季栽培。冬季育苗苗龄 25～30 天、幼苗 4～5 片叶即可定植。

（3）定植　每亩施腐熟有机肥 3 000～5 000 千克。定植前 15～20 天扣严塑料薄膜，夜间加盖草苫，尽量提高地温。选晴暖天气上午定植，株行距为 18 厘米×22 厘米。

（4）田间管理　菜心冬季栽培，由于气温低、蒸发量小，加上保护设施内空气湿度大，所以应少浇水。只要土壤湿润就不用浇水，一般每 10～15 天浇 1 次水，也可 1 个月内不浇水。生育期结合浇水追 2 次肥，追肥以化肥为主，少施有机肥，追肥时间和施肥量与春季栽培相同。

（五）病害防治

1. 白斑病 主要危害叶片。发病初，叶面上散生灰褐色微小的圆形斑点，后渐扩大为圆形病斑，中央变成灰白色，叶缘有苍白色或淡黄绿色晕圈。病斑互相融合，形成不规则的大病斑，后期病斑变为白色半透明状，并破裂穿孔。潮湿时，病斑背面产生淡灰色霉状物。一般外层叶先发生，向上蔓延。

防治方法：发病初可用15%嗪氨灵可湿性粉剂300倍液，或50%多菌灵可湿性粉剂800倍液喷施，每15天喷1次，连喷2～3次。

2. 其他常见病 菜心主要病害还有病毒病、炭疽病、霜霉病、软腐病等，病毒病和炭疽病防治可参考西瓜病害防治中相关内容，霜霉病可参考黄瓜霜霉病防治方法，软腐病可参考芹菜软腐病防治方法。

（六）采收与贮藏

菜心可采收主薹和侧薹。一般早熟品种生育期短，主薹采收后不易发生侧薹；中晚熟品种主薹采收后，还可发生侧薹。菜薹长到叶片顶端高度、先端有初花时（俗称"齐口花"）为主薹适宜采收期。优质菜薹形态标准：薹粗、节间稀疏、薹叶少而细、顶部初花。早熟品种只采收主薹时，其采收节位应在主薹的基部。中晚熟品种易发生侧薹，采收时在主薹基部留2～3片叶摘下主薹，以利萌发侧薹。

菜心以低温条件下塑料薄膜包装贮藏保鲜为好，可采用厚度为0.035毫米、长45厘米、宽30厘米的聚乙烯塑料薄膜袋。方法是收获后先在5℃条件下预冷，然后装入塑料袋内，在温度4～9℃、空气相对湿度90%条件下贮藏保鲜。

四、菊苣栽培技术

（一）品种选择

1. 晶玉 叶片绿色、上冲，叶脉有白色乳汁状分泌物，味苦，叶片基部锯齿状，叶片数多，一般 30～35 片。抗病虫、抗寒、抗逆性均强，耐抽薹。软化芽球淡黄色，中肋白色，芽球长炮弹形，长 14～16 厘米、粗 4～5 厘米，单球重 100～150 克，味微苦带甜，口感清脆。每亩产芽球 750～1 000 千克。

2. 红玉 叶片紫红色，叶脉有白色乳汁状分泌物，味苦。生长慢，叶片数较少，一般 16～22 片，叶片短、上冲，长势弱。抗病虫、抗寒、抗逆性强，耐抽薹。软化芽球叶片红色鲜艳，中肋白色，芽球圆锥形，球长 8～12 厘米、粗 4～5 厘米，单球重 50～100 克，味微苦中带甜、清脆。每亩产芽球 400～500 千克。

（二）播种育苗

1. 种子处理 播种前 7～10 天，将种子放置在阴凉通风处晾晒 1～2 天。一般进口菊苣种子用杀菌剂处理过，可以干籽播种。自采或国内繁育的种子，可用凉水浸种，除去浮面上的秕子和下沉的饱满种子，捞出晾去水分后即可播种。

2. 播种 华北地区一般在 7 月下旬至 8 月上旬播种。

（1）**直播** 菊苣直播采用起垄栽培，行距 40 厘米，播种在垄的顶部。方法是用竹竿划 0.5 厘米深的小沟，将种子均匀播在沟里，用锄轻轻推平即可，每亩需种子 120～150 克。播种后随即浇水，注意不要串垄，不要漫过垄顶。出苗前浇 1 次，出苗后再浇 1 次。

（2）**穴盘育苗** 选用 288 孔苗盘育苗，起苗时不散坨，不伤根，成活率高。穴盘育苗采用精量播种，每亩用种子18～20克。可选用无病虫害的田土作基质，有条件的可用草炭2份、蛭石1份，或草炭、废菇料、蛭石各1份混合。种植1亩菊苣需用288孔苗盘40～50个，每立方米基质可装300盘。每立方米基质应加三元复合肥0.7千克，或尿素0.5千克、磷酸二氢钾0.5千克。播种时每穴放1粒种子，深度不超过1厘米，播后盖上一薄层蛭石，以浇水后不露种子为宜。播种后喷透水，以有水从穴盘底孔滴出为度，浇水后穴盘格应清晰可见。苗床温度保持20℃左右，3～4天出齐苗。育苗期正值高温多雨季节，注意要防雨防高温。如在温室育苗，每天均要喷水，高温期早、晚各喷1次水。小苗3叶1心时结合喷水喷施1～2次0.3%尿素＋0.2%磷酸二氢钾溶液。

（三）整地定植

1. 整地　播种前20～25天整地，将基肥撒于地表后机械翻耕，耕深25～30厘米，每亩施腐熟优质厩肥5 000千克、磷酸二铵30千克、硫酸钾20千克。整平起垄，播单垄时按垄距40厘米起垄，垄高15～17厘米；播双垄时按垄距80厘米起垄，垄高12～15厘米。

2. 定植　直播菊苣，幼苗2～3片叶时第一次间苗，4～5片叶时第二次间苗，间去病苗、弱苗，适当疏开。7～9片叶时定苗，单行播种的株距17厘米，双行播种的株距19厘米，每亩留苗8 500～10 000株。育苗移栽的，当幼苗3～4片真叶时可定植于大田。

（四）田间管理

1. 普通栽培　定植时浇透水，定植后4～5天浇1次缓苗水，以后视墒情浇水。莲座后期，根株进入膨大期，结合浇水追肥1～2次，每次每亩追施尿素10千克。定植或定苗后及时中耕除草1～2次，以控制地上部分生长，促进根株膨大。

2. 菊苣芽球栽培（软化栽培）技术

（1）**土培软化栽培**　土培软化栽培设施有日光温室、小暖窖、地窖等。有以下技术要点。

①建栽培池　在日光温室或小暖窖内，挖长5～6米、宽1.2米、深0.5米的栽培池。地窖内可做长5～6米、宽1.2米、深0.3米的水泥栽培池，立体2～3层。

②种根分类　根据种根大小分级栽培，根头直径4厘米以上的为一级，根头直径3～4厘米的为二级，根头直径3厘米以下的为三级。

③囤栽　种根收刨后，有休眠特性的品种冷处理20天后，根据上市时间，向前推移35～40天进行囤栽。无休眠特性的品种可不进行冷处理。

④根株处理　将根株上部削成尖塔状，留好顶芽，然后剪去下部根尖，最适长度为20厘米。在根冠上约6厘米处切除叶丛，掰掉外部的黄叶、烂叶，然后按大、小根分别堆放，并运至冷凉处贮存备用。处理和贮运工作务必在严寒来临前完成，切勿使根株受冻害，否则在软化栽培时会因根株冻伤而腐烂。

⑤码根　从栽培池一头开始码放菊苣根，每行16～20根，边码根边填土，要求上齐下不齐。码好之后，用园田土、沙土或锯末等填充根间隙。

⑥浇水　用塑料管伸到栽培池底部浇水，防止水流冲倒根株，把水浇足。浇水后上面不平处撒土补平。畦面上摆竹竿，竹竿上覆盖黑色地膜，确保不露任何光线。窖温保持15～20℃，温度高时揭开草苫降温，温度低时增加覆盖物。刚入窖时结露较多，应在夜间打开小口通风，但注意不要见光。

（2）**水培软化栽培**　菊苣半地下式地窖和工厂化软化栽培多采用水培法。操作要点：洗净根株，并长短截齐。采用清洁流动水，其水位在肉质根的1/3～1/2处。控制适宜温湿度，严格遮光，温度保持20℃以下，空气相对湿度保持85%～95%。操作时动作要快，以尽可能减少囤栽室内的见光时间。

（3）**根株露地越冬原位软化栽培**　秋天生长良好的根株不刨收，露地越冬或用玉米秸秆稍加覆盖越冬。翌年春季惊蛰前，清除覆盖物，浇水，就地搭建小拱棚覆盖黑塑料膜，加盖草苫保温，进行软化栽培。此方法仅适用于小面积栽培。

（4）**家庭简易软化栽培**　利用高40厘米左右的塑料桶摆放菊苣根株，加水于根株高的 1/3～1/2 处进行水培，或在根株间隙填土后加水，桶上加盖遮光。放在 10～15℃ 的室内，于夜间查看芽球的生长情况，经常换水或加水。

（五）病害防治

1. 霜霉病　霜霉病在春末和秋季发生普遍，严重时可造成 20%～40% 的减产。菊苣霜霉病主要危害叶片，由基部向上部叶发展。发病初期在叶面形成浅黄色近圆形至多角形病斑，空气潮湿时叶背面产生霜状霉层，有时可蔓延至叶面。后期病斑连片枯死，呈黄褐色，严重时全部外叶枯黄死亡。

防治方法：参考黄瓜霜霉病防治方法。

2. 腐烂病　腐烂病是菊苣生产中最常见的病害，一般在生长中后期开始发病，造成腐烂，严重时损失可达 80% 以上。腐烂病多从植株基部叶柄或根茎开始侵染，开始呈水渍状黄褐色斑，逐渐由叶柄向叶面扩展，由根茎或基部叶柄向上发展蔓延。空气潮湿时表现为软腐，根基部或叶柄基部产生稀疏的蛛丝状菌丝；空气干燥时，植株呈褐色枯死，萎缩。另外，还有一种腐烂病，从植株基部伤口开始侵染，初呈浸润半透明状，后病部扩大成水渍状，充满浅灰褐色黏稠物，并发出恶臭气味。

防治方法：用种子重量 0.4% 的 50% 多菌灵可湿性粉剂拌种。施用充分腐熟的有机肥，适期播种，高温季节用遮阳网遮阴，多雨季节及时排水，并注意防治虫害，发现病株及早拔除。发病初期选用 70% 甲基硫菌灵可湿性粉剂 600 倍液，或 70% 代森锰锌可湿性粉剂 500 倍液喷雾，重点喷洒植株基部。

（六）采收与贮藏

菊苣植株栽培 110～120 天、形成充实的肉质根时即可收获，收获期为 11 月中旬，收获前 5～7 天浇 1 次小水。收刨时，在距地面 4～5 厘米处割去叶片，用镐、铁锹等将菊苣根挖出。捡出根株，在田间或窖边堆成小堆，盖上叶片，在 0～2℃条件下预冷 2～3 天后窖藏或冷库贮藏。也可堆放 10～15 天，在其通过休眠期后，进行软化栽培。窖藏是利用冬季寒冷的自然气候条件，适宜短期贮存，一般可贮存至翌年 2 月份，惊蛰前要用完，否则会生芽或烂窖。用冷库可周年贮藏，分批进行软化栽培，排开上市。

菊苣软化栽培，芽球长到高 10～15 厘米或单株球重 80～150 克时即可采收。用刀从根茎结合部切下，将采收的芽球去除外叶和杂质后装箱。芽球收获后，种根继续培养，可形成侧芽，单球重 10～12 克即可采收。菊苣芽球较耐贮藏，以不冻为原则，于黑暗冷凉处、1～5℃条件下贮藏，可存放 30 天左右；冷库可贮藏 6 个月左右。

第四章
十字花科类蔬菜

一、大白菜栽培技术

（一）品种选择

大白菜品种繁多，品种选择遵循的原则是高产、高抗、适应本地生态条件。早熟品种主要有北京小杂、喜春、强春、丰抗70、西白、鲁白、日本东津70笋白菜等。中晚熟品种主要有北京新三号、京秋3号、豫白2010等。

（二）播种育苗

大白菜可以直播，也可以育苗移栽。若前茬作物收获早，能及时整地做畦的，可采用直播方法。若前茬作物收获晚，与大白菜适时播种产生矛盾，或阴雨连绵适时播种有困难的，则采用育苗移栽方法。

1. 直播　有条播和穴播两种方法。条播是按预定行距开约1厘米深的浅沟，将种子均匀地播在沟内，用细土盖平浅沟。穴播是按预定的株行距，先挖直径为15～20厘米的浅穴，穴深1～1.5厘米，每穴点播8～10粒种子，然后用细土平穴覆盖。播后略微压实，使种子与土壤接触紧密。

2. 育苗移栽　每亩大田需苗床25～35米^2。前茬作物收获后，及时深耕晒地，每 35 米^{2}苗床施腐熟猪、牛粪 50～75 千克、过磷酸钙 0.5～1 千克、尿素 0.5 千克作基肥，做宽 1.5 米、高 15～20 厘米的苗床。采用塑料钵或营养土育苗，幼苗生长健壮，移栽后成活率高。播种前需充分喷水，播种后覆盖细土，出苗后分 2～3 次间苗，幼苗 5～6 片真叶时移栽大田。移栽宜在晴天下午或阴天进行。

（三）整地种植

确定种植大白菜的地块要早腾茬、早耕犁，最好使土壤休闲一段时间。秋菜采收后进行冬耕时要尽可能深耕，深度达 30 厘米以上为好。春茬作物收获后立即耕地，深度 20 厘米左右，耕后晒土。播种前再用旋耕犁浅耕 1 次，做到覆土平整、土壤细碎。如果前茬作物腾茬晚，浅耕 1 次即可。如腾茬晚又遇雨水多时，可不耕地直接起垄播种，应加强苗期管理。大白菜秋播整地时多在雨季，不宜深耕。

结合整地每亩施有机肥 4 000～6 000 千克、硫酸铵 7～10 千克作基肥。播种时每亩施硫酸铵 2～4 千克作种肥。大白菜一般进行高垄栽培，垄高 15～20 厘米，垄面宽 25～30 厘米，垄长 10～15 米，垄距就是预定的大白菜行距。起垄后要保证垄面和垄沟平坦，土壤细碎，防止高低不平导致供水不均。沙质土、盐碱土及降雨量少、海拔高、灌溉条件差的地区宜采用平畦栽培，一般畦宽 1.2～1.5 米、长 6～9 米。大中型品种每畦种 2 行，小型品种每畦种 3 行。

定植宜在傍晚进行，定植后立即浇透定根水，早秋定植时应边起苗边定植，及时浇定根水。大白菜根茎短，定植穴应稍隆起或与畦平，不能下凹。定植深度以菜苗子叶与畦面相平为宜。早熟品种每亩种植 2 500～3 000 株，中熟品种 2 400～2 700 株，晚熟品种 2 000～2 500 株。

（四）苗期管理

大白菜从播种到生长至 7～8 片真叶为幼苗期，一般需 20～25 天。

1. 间苗定植　一般直播后 3 天出苗，7～8 天进行第一次间苗，苗距 6～7 厘米。4～5 片真叶时进行第二次间苗，苗距 10～12 厘米。团棵时根据不同品种，按一定株距定株或定植，并在苗期补栽，及时更换弱苗、病苗。

2. 小水勤浇　苗期需水量虽然不大，但气温较高，应勤浇小水，保持土壤湿润，以减轻高温和病毒病危害。苗期雨水少时，利用雨停间隙及时间苗，增施提苗肥，每亩可施尿素 3～4千克。

3. 中耕施肥　定苗后若田间幼苗生长不整齐，可对生长偏弱的小苗点浇 2～3 次尿素 200～300 倍液，促使弱苗快长。苗期中耕 1 次，并在苗周围培土。结合浇水分别施 1 次催苗肥和发棵肥，每次每亩施尿素 5～6 千克。

（五）生长期管理

1. 蹲苗促壮　大白菜在莲座中期至包心以前暂停浇水，促其健壮生长，称为蹲苗。北方地区一般蹲苗 10～20 天。春播、夏播、早秋播大白菜生育期短，通常不用蹲苗。一般在定苗和追肥后浇 1～2 次大水，使土层吸满水，然后细中耕，要求深锄 6～9 厘米，使之没过垄背 2～3 厘米，形成松软细碎的保墒层。生产中切忌大量伤叶和伤根。

2. 中耕除草　初秋播种时，天暖多雨，杂草多，土壤也易板结，应及时中耕除草。一般中耕除草 3 次，第一次在第二次间苗后进行，此时幼苗根群浅，要浅锄，深约 3 厘米，以划破土面、铲除杂草为度；第二次在定苗后，中耕深 5～6 厘米，促使根系向深处发展；第三次中耕在莲座叶遮严地面以前进行，浅耕除草，深约 3 厘米。封垄后杂草不再发生，而且土面蒸发量小，不需再进行中耕。中耕要领是"头锄浅，二锄深，三锄不伤根"。

3. 莲座期管理

（1）**施肥管理**　莲座期植株生长量大、生长速度快，对养分的吸收量增加，而且莲座叶的强盛是将来获得丰产的关键。因此，要重视这次"发棵肥"的施用，大白菜浇定棵水后，在垄的中部、离根部 10～12 厘米处开 8～10 厘米深的沟，每亩沟施腐熟细碎有机肥 1 200～1 500 千克、三元复合肥 30～40 千克、硫酸铵或尿素 10～15 千克，施肥后埋土封沟并浇透水。

（2）**水分管理**　莲座期浇水要适量，原则是使土壤见湿见干。莲座期通常要进行适当蹲苗后，再进行浇水、追肥，以促进根系生长发育。但当地下水位低或太阳暴晒或降水量少时，要及时浇水并浅中耕，不必蹲苗。

4. 结球期管理

（1）**施肥管理**　结球期是大白菜地上部和地下部都处于旺盛生长的时期，对肥料的要求也达到高峰，此期追肥俗称结球肥或包心肥。结球初期每亩随水冲施尿素或硫酸铵 20～25 千克，结球中期每亩随水冲施尿素或硫酸铵 15～20 千克。结球中期末，在气温不低于 12℃时，每亩可随水冲施尿素 15～20 千克；若气温较低，每亩可随水冲施腐熟人粪尿 700～800 千克。

（2）**水分管理**　结球期是形成产品器官的时期，应保证水分充足供应。为了使田间水分供给均匀，最好采用隔沟（或隔畦）轮流浇水方法，即每 3 天浇 1 次水，第一次浇单数沟（或畦），第二次浇偶数沟。收获前 5～7 天停止浇水。

（六）病害防治

1. 白斑病　主要危害大白菜叶片。初为散生的灰色小斑点，后扩大为灰白色不规则形病斑，有的病斑周围有淡黄绿色晕圈。湿度大时病斑背面易产生稀疏的淡灰色霉层。后期呈白色半透明状，常破裂穿孔，并连成一片。

防治方法：参考菜心白斑病防治方法。

2. 根肿病 主要危害大白菜根部，引起根肿，主、侧根和须根形成大小不等的肿瘤。肿瘤初期表面光滑，后表面龟裂、粗糙。病株地上部初期症状不明显，后叶边变黄，生长缓慢，植株矮小，似萎蔫状。

防治方法：与非十字花科蔬菜轮作或实行水旱轮作3年以上；将土壤酸碱度调节至微碱性，可减轻发病。药剂防治可用50%硫菌灵可湿性粉剂500倍液灌根，每株用药液0.3～0.5千克。

3. 软腐病 多从大白菜心部开始发病，发病部位为褐色浸润半透明状，后变为黏滑软腐状。病菌多从菜帮基部伤口处侵入，初发病时，外围叶片晴天中午呈萎蔫状，早、晚尚可恢复，一段时间后不再恢复，外叶平贴地面，露出叶球。后期叶球腐烂，充满黄色黏稠物，有臭味，在干燥、晴暖环境下，病部失水干枯呈纸状。

防治方法：与豆类、葱蒜类作物轮作，播种前用种子重量0.4%的77%氢氧化铜可湿性粉剂拌种消毒；田间管理时注意防止伤根、伤叶，包心后浇水要均匀。浇水前先清除病株并带出田外，病穴撒石灰或喷杀菌剂。苗期注意防治食叶及钻蛀性害虫，如菜青虫、甜菜夜蛾、小菜蛾、跳甲等。药剂防治可参考芹菜软腐病防治方法。

二、甘蓝栽培技术

（一）品种选择

早熟品种可选择春甘45、鸡心、8398、秦甘50、中甘11号等；中晚熟品种可选择牛心、早夏16号、冬绿、争春、寒绿等。

（二）播种育苗

1. 育苗方式　根据栽培季节和方式，可在阳畦、塑料拱棚、温室、露地育苗，有条件的可采用电热温床育苗。露地育苗要有防雨、防虫、遮阴设施。

2. 浸种催芽　每亩用种子 50 克左右，播前将种子放在阴凉处风干，忌暴晒。对种子消毒处理，可用 50℃温水浸种 20 分钟，然后在常温下继续浸种 3～4 小时。每 100 克种子用 1.5 克漂白粉加少量水，将种子拌匀，置于容器内密闭 16 小时后播种，可预防黑腐病、黑斑病。用种子重量 0.3% 的 47% 春雷·王铜可湿性粉剂拌种，可防黑腐病。将浸好的种子捞出洗净，稍加风干后用湿布包好，放在 20～25℃条件下催芽，每天用清水冲洗 1 次，20% 种子萌芽时即可播种。

3. 育苗床准备

（1）床土配制　选用近 3 年来未种过十字花科蔬菜的肥沃园土与充分腐熟的过筛圈肥，按 2∶1 比例混合均匀，每立方米再加三元复合肥 1 千克。然后将床土铺入苗床，厚度为 10～12 厘米。

（2）床土消毒　将 50% 多菌灵可湿性粉剂与 50% 福美双可湿性粉剂按 1∶1 比例混合，或 25% 甲霜灵可湿性粉剂与 70% 代森锰锌可湿性粉剂按 9∶1 比例混合，按每立方米床土用药剂 8～10 克与细土 15～30 千克混合，播种时 2/3 铺于床面，其余 1/3 盖种。

（三）整地定植

甘蓝喜土层深厚、肥沃疏松的土壤。前茬最好为马铃薯、菜豆、番茄、黄瓜等非十字花科地块。结合整地每亩施优质有机肥 5 000 千克、磷肥 25～30 千克，深耕熟化土壤耕层。整平耙细，做宽 1～1.5 米的平畦，覆盖地膜提温保墒。一般气温恒定在 10℃以上、幼苗 6～7 片真叶时定植，定植选择傍晚或阴天上午进行。一般早熟品种每亩定植 5 000～6 000 株，中熟品种每亩定植 4 000 株左右，晚熟品种每亩定植 2 000 株左右。合理密植的标志：当植株进入莲座末期至结球初期时，莲座叶封垄，叶丛呈半直立状态。一般采用坐水栽法定植，即先按行株距开挖定植沟或穴，浇水后放入带土坨的苗，待水渗下后封土稳苗。为使幼苗生长迅速，在定植沟或穴内每亩可撒施尿素 5 千克。

（四）田间管理

1. 浇水 定植时应浇小水，防止大水漫灌。有条件的地方可浇稀人粪尿，浇水后及早中耕松土，以利于缓苗。中耕后 6～8 天，心叶开始生长时及时浇缓苗水，浇水量要大于定植水。缓苗后再浇 1 次水或稀人粪尿，并进行中耕。开始包心至叶球充分生长阶段，需要增加浇水次数。开始包心时浇水，水量不小于缓苗水。当叶球长到约 250 克时即进入结球中期，对水分的要求逐渐增加，可每 5～7 天浇 1 次水，保持地面湿润，以满足结球期对水分的要求。采收前适当控水，防止裂球。

2. 追肥 甘蓝根系分布较浅，需肥较多，除重施基肥外，需追肥 3～4 次。前期追肥以氮、磷、钾肥为主，后期以氮肥为主。可在缓苗后结合中耕追 1 次肥，莲座末期追 1 次肥，每次每亩追施尿素 10～15 千克、磷钾肥 5 千克。包球中期每亩追施尿素 10 千克，促进叶球充实。追肥应环施于株间，同时伴随浇水或中耕。

3. 中耕除草与培土 中耕次数及深浅，依天气及苗的大小而定，株大浅耕，株小深耕。缓苗后中耕 1 次，深度以 6 厘米为宜。5～6 天后进行第二次中耕，深 7 厘米左右。莲座中期和包球前期结合浇水进行中耕和培土，促使外短缩茎多生根，促进叶球膨大，但要注意防止中耕损伤外叶。在外叶封垄后不宜中耕，若有杂草应及时拔除。

（五）病虫害防治

1. 黑根病　病菌主要侵染幼苗根茎部，使病部变黑、皱缩，潮湿时发病部位有白色霉状物。发病数天后，即可见叶片萎蔫、干枯，最后造成整株死亡。

防治方法：施用腐熟粪肥，播种不宜过密，覆土不宜过厚。苗期做好防冻保温，补水应少量多次，经常通风换气。发病初期及时进行药剂防治，可用20%甲基立枯磷乳油1 000倍液，或75%百菌清可湿性粉剂600倍液，或60%福美双可湿性粉剂500倍液喷施。

2. 菜粉蝶　以幼虫咬食甘蓝叶片，啃食一层表皮和叶肉，留下一层薄而透明的表皮；稍大幼虫食量大增，造成缺刻、孔洞，甚至将叶片吃得仅剩叶脉和叶柄。苗期受害，轻者影响植株生长，重则整株死亡。高龄幼虫还可钻入叶球内危害，并排泄虫粪污染叶球，严重影响蔬菜的商品价值。另外，幼虫造成的伤口还是软腐病菌侵入的途径。

防治方法：在每茬结球甘蓝收获后及时清除残枝败叶及田间杂草。可用每克含活孢子100亿的青虫菌粉剂500～800倍液，或苏云金杆菌500～600倍液喷洒防治。

（六）采收与贮藏

叶球充分肥大、包心紧实、外层球叶发亮、叶球重400～500克时，即可采收上市，采收分2～4次完成。如果市场价格稳定，可以适当晚采，结球期每天叶球可增重40～50克，晚采收有利于增加产量。甘蓝耐寒性较强，一般采收后直接上市销售。如需贮藏，可采用窖藏、埋藏、冷库贮藏和气调贮藏。

三、花椰菜栽培技术

（一）品种选择

早熟品种可选用雪莉、荷兰春早等，中晚熟品种可选用雪宝、科拉、白王花菜 80 天、雪玉等。

（二）花椰菜春季栽培

花椰菜春季栽培，冬季育苗，早春定植在露地或塑料棚内，初夏收获，这种栽培方式在北方地区较多。

1. 播种育苗 花椰菜春季栽培采用设施育苗，播种期为 11 月下旬至 12 月上旬。可以采用苗床育苗，但最好采用营养钵或穴盘育苗，这样不需要分苗，可减少移栽缓苗期。

（1）**营养土配制** 营养土一般由园土和有机肥组成，按 2：1 比例配制。营养土中可加入少量的过磷酸钙或复合肥，土壤酸性强的应加入适量石灰，以调整酸碱度；土壤过黏时可加入 15% 左右的细沙，以改善通气性。

（2）**播种** 播种前整平畦面来回踩一遍后充分浇水。为防止幼苗期发生病害，可结合浇水，用 50% 多菌灵可湿性粉剂 300 倍液，或 70% 甲基硫菌灵可湿性粉剂 750 倍液喷透床土。待苗床水全部渗下后，先撒一薄层过筛细土，再将干种子均匀地撒播在畦面上，播后立即覆盖过筛细土，覆土厚度一般为 0.5 厘米，每平方米用种子 3～4 克。播后立即盖严塑料薄膜，夜间盖好覆盖物，以保温保湿。采用营养钵或穴盘播种育苗，也可进行催芽播种，方法是将种子用 50℃温水浸泡 20～30 分钟后立即移入冷水中冷却，捞出晾干后用湿布包好，放在 20～25℃条件下催芽，每天用清水冲洗 1 次，当 20% 种子萌芽时播种。

（3）**分苗（假植）** 分苗床一般采用冷床，床土以营养土为宜。分苗前将冷床用塑料薄膜盖严烤畦增温 10～15 天，夜间盖好覆盖物，以提高分苗床地温。当幼苗长至 3～4 叶时进行分苗，将大小不同的幼苗分开，以后通过控大促小使幼苗生长一致。分苗株行距为 10 厘米×10 厘米，可采用开沟贴苗法分苗，即按 10 厘米行距开沟，开沟后浇稳苗水，再按 10 厘米株距贴苗并覆土压根，填平土后再进行下一行。缓苗后浇 1 次小水，然后中耕蹲苗。分苗后盖好塑料薄膜，夜间盖好覆盖物，保温促缓苗。采用营养钵育苗的，不需要分苗。

（4）**苗期管理**　出苗前加强保温，白天温度保持 20～25℃、夜间 10℃左右。幼苗出齐后，及时覆 0.3～0.5 厘米厚的细土，可防止畦面龟裂和保墒。幼苗子叶充分展开后进行间苗，拔去拥挤的幼苗，然后再覆一层 0.5 厘米厚的细土，以利于幼苗根系生长，防止苗期发生猝倒病。苗全部出齐后，适当降低苗床温度和湿度，防止幼苗徒长，白天温度保持 15～20℃、夜间 5℃左右。第一片真叶展开至分苗，苗床温度保持 15～18℃，不高于 20℃，不低于 3℃。分苗前几天加大通风量，以增强幼苗在分苗期间对外界不良环境的适应能力。为促进缓苗，分苗后 5～7 天内注意保温，提高苗床温度，但不能超过 30℃。缓苗后逐渐通风，适当降低温度，白天温度不超过 20℃，夜间温度不低于 2℃。覆盖物要早揭晚盖，增加幼苗的光照时间，以后逐渐增加通风量，使幼苗生长环境接近露地。

2. 整地施基肥　选择肥沃壤土或沙壤土，定植前 15 天将田块翻耕晒垡，结合整地每亩施充分腐熟农家肥 2 500～4 000 千克。整平后做宽 120 厘米、高 25 厘米的高畦，畦沟宽 30 厘米。在畦面上开 2 条间距 50 厘米、深 15 厘米的施肥沟，每亩施钙镁磷肥 30 千克、三元复合肥 35 千克、硫酸钾 25 千克，施肥后覆土平沟。

3. 定植　一般 10 厘米地温稳定在 8℃左右、日平均气温稳定在 10℃时为定植适宜期。定植小苗可提高定植成活率，故苗龄应控制在 20～25 天。选阴天或傍晚时定植，起苗前 1 天苗床浇透水，便于起苗时土坨不散、多带土少伤根，随起苗随定植。每畦栽 3 行，行距 45～50 厘米，株距 35～40 厘米，定植后浇透水，每亩栽植 3 600 株左右。

4. 田间管理

（1）**肥水管理** 缓苗前，晴天干旱时早、晚各浇 1 次水；缓苗后至花蕾形成前，小水勤浇，保持土壤见干见湿；花球形成期隔 1 天浇 1 次水，保持土壤湿润。遇涝应及时排水，防止田间积水。

花椰菜生长施肥应把握前促、中稳、后攻的原则，尤其是早熟品种生长期短，如前期肥量不足，易造成营养生长不良而出现早花低产。定植成活后开始追肥，一般施用 10% 人粪尿或 0.2% 尿素或 0.3% 三元复合肥溶液，每 3～4 天追肥 1 次。随着施肥次数的增加，追肥浓度应逐渐加大，如用尿素再次追肥时应比上次浓度提高 0.1%，即第一次 0.2%、第二次 0.3%、第三次 0.4%，如此追肥直到现蕾。现蕾时施 1 次钾肥，每亩可施氯化钾 10～15 千克，以满足花球生长的需要。施肥结合浇水进行。现蕾后，需增加施肥量，每 10 天施肥 1 次，每次每亩施浓人粪尿 1 000 千克，或尿素 10～15 千克，施肥后如逢天旱应及时浇水，浇水至湿透畦面即应排水。现蕾后叶面喷施 0.1% 钼肥＋0.5% 磷酸二氢钾混合液，每 7 天喷 1 次，连喷 2～3 次，可预防生理性病害，促使花球膨大和洁白。

（2）**中耕** 封垄前结合施肥中耕锄草 2～3 次，最后 1 次中耕施肥后培土 2 厘米厚，既可防倒伏，又可促进基部不定根萌发、主茎强壮、花球增大。培土后覆盖稻草，可有效降低盛夏期地温，保持土壤湿润，防止杂草滋生。

（3）**遮盖花球** 花球暴露在阳光下容易由白色变成淡黄色或紫色，花球中甚至会生出黄毛和小叶，降低品质，因此要适时遮阴保护花球。方法是花球直径达 6～8 厘米时，折倒靠近花球的老叶盖住花球，盖叶枯黄后再换叶或用稻草将内叶束捆包住花球。注意不宜用病叶遮盖花球，以免花球染病。

（4）采收 花球充分肥大、质地致密、表面平整而未松动前应及时采收，一般早熟品种现蕾后 20 天左右、中晚熟品种现蕾后 30～45 天即可采收。由于植株个体之间生长不一致，宜分期采收。采收时用刀割下花球，每个花球带 4～6 片小叶，以保护花球，避免损伤。

（三）花椰菜秋季栽培

华北等地 9 月上旬至 10 月中旬温光条件十分有利于花球的形成，秋花椰菜种植区域及栽培面积逐渐扩大。

1. 播种育苗 华北地区播期为 6 月中旬至 7 月中旬。秋花椰菜育苗期正值高温多雨季节，对苗期生长不利，应采用营养钵育苗。具体操作：①营养土配制。用无菌田土与腐熟有机肥按 6:4 比例混合并过筛，每立方米营养土加入磷酸二铵 1 千克、敌百虫 100 克混匀后装钵。②播种。浇透底水，待水渗下后按每钵 1 粒、隔钵 2 粒的方法播种，播后覆 0.5～1 厘米厚的药土（用 64% 多·福可湿性粉剂 20 克拌细土 15 千克）。③播种后扣小拱棚覆防虫网及旧棚膜防虫、遮阴，出苗前保持土壤湿润，出苗后土壤见干见湿。④日历苗龄 25 天、生理苗龄 4 叶 1 心时即可定植，要求幼苗叶片浓绿、肥厚，茎粗壮，节间短，根系发达、完整。

2. 整地定植 结合整地每亩施腐熟鸡粪 4～6 米^3、三元复合肥 50 千克，深耕细耙后按 1.2 米宽起垄，垄高 15～20 厘米。每垄双行，株距 45 厘米左右，选晴天下午或阴天定植，每亩栽植 2 200～2 500 株，浇透定植水。

3. 田间管理

（1）缓苗期管理 定植后每 1～2 天浇 1 次小水，缓苗后施提苗肥，每亩可施尿素 10～15 千克，随后浇水、中耕。如遇到大雨应及时排涝。

（2）**肥水管理** 叶、花同时生长型花椰菜，定植后应大水大肥，一促到底，不蹲苗。植株8～9片叶时，结合浇水每亩施三元复合肥25千克，促进莲座叶生长。花球如鸡蛋大小时进入花球生长旺期，应肥水齐攻，每5～7天浇1次水，结合浇水每亩施尿素10～15千克、三元复合肥20～25千克。外叶充分长成、心叶开始向内交合时，为了保持花球洁白柔嫩并迅速膨大，可连续喷施2次硼肥。

（3）**盖花球** 对于一些内叶护球性较差的品种，要及时细致地盖好花球。

4. 适时采收 此茬花椰菜成熟时正值高温期，早熟品种为防止散花要及时采收；中熟品种，一般见花后20～25天、花球基部的花枝略有松散时采收；晚熟品种或播种稍晚的中熟品种，若天气异常、降温过早、入冬前花球还未长成，可将植株带土挖出，密集假植于阳畦或大棚内，假植后及时浇水，温度保持1～5℃，使叶片内的营养继续供应花球缓慢生长，可增产30%左右，既可提高产量，又可调节市场供应。

（四）病虫害防治

1. 干烧心 结球前期发病，顶叶边缘呈水渍状、透明，后变成浅黄色，顶枯、皱缩呈白色干带状。结球后发病，外观正常，但切开后可见心叶边缘枯焦，叶球仍可生长，但包球不紧，有的因细菌侵入而腐烂。

防治方法：科学浇水，尤其是包心期遇高温干旱要及时浇水。氮、磷、钾肥配合施用，避免偏施、过施氮肥，注意补施钙肥和锰肥。可选用0.7%氯化钙溶液、0.7%硫酸锰溶液，在包心期分次喷洒心叶。

2. 花叶病 叶片先出现明脉，后发展为斑驳，叶背沿叶脉产生疣状凸起。

防治方法：注意防治蚜虫，可在幼苗第一片真叶长出后，用2.5%高效氯氟氰菊酯乳油1000倍液，或5%顺式氰戊菊酯乳油2000倍液，或10%吡虫啉可湿性粉剂1500倍液喷施，每隔5～7天喷1次，移栽大田后再喷1次。发病初期喷洒7.5%菌毒·吗啉胍水剂600～800倍液，或3.95%三氮唑核苷·铜·锌水乳剂700倍液，或20%吗胍·乙酸铜可湿性粉剂500倍液，每隔10天左右喷1次，连续防治3～4次。

3. 菜青虫　成虫体灰黑色、翅白色，幼虫体青绿色。幼虫啃食叶肉，只剩一层透明的表皮，重者仅剩叶脉，受害花球容易发生软腐病，虫粪还会污染花球，降低商品价值。

防治方法：菜青虫在三龄之前，抗药性较差，应及时防治。可喷洒50%辛硫磷乳油1000倍液，或20%氰戊菊酯乳油3000～4000倍液。如喷后遇雨应补喷，采收前10天停止用药。

四、水果茎蓝栽培技术

（一）品种选择

1. 利浦　从荷兰引进的杂交一代品种。球茎扁圆形，表皮浅黄绿色，叶片浅绿色，株型上倾，适宜密植。单球重500克左右，口感脆嫩、微甜，品质极佳。抗病性较强，定植后60天左右可采收。

2. 紫茎蓝　从德国引进。根系浅，茎短缩，叶丛生于短缩茎上。叶片长椭圆形、绿色，叶面平滑、有蜡粉，叶缘有缺刻略呈波状，叶柄细长。总状花序，花冠黄色。生长至一定程度后，茎部膨大形成肉质球茎即为食用器官，球茎圆形或高圆形，皮紫红色或紫色，肉质白色。种子近圆形，红褐色或黑褐色，粒较大。病害轻，品质较好，定植后60天可采收。

（二）播种育苗

温暖地区秋季栽培于9～10月份播种育苗移栽，华北地区秋季栽培于7月上中旬播种育苗，高寒地区露地栽培于5月上旬播种育苗。最好采用穴盘育苗或营养钵育苗，精量播种，一次成苗。春季用72孔穴盘，夏秋季用128孔穴盘，基质用草炭和蛭石各1份，或草炭、蛭石和废菇料各1份，覆盖均用蛭石。每立方米基质加入尿素1.2千克、磷酸二氢钾1.2千克，肥料与基质混拌均匀后备用。播种前检测种子发芽率，发芽率应大于90%，并进行温汤浸种。每穴播1～2粒种子，播后，覆盖蛭石约1厘米厚，苗盘浇透水，以水分从穴盘底孔滴出为宜。苗期间苗1～2次，施粪水1次，适当浇水，以保持幼苗稳长而不旺长为宜。

（三）整地定植

选前茬没有种植过甘蓝类蔬菜的地块种植，每亩施腐熟农家肥4 000千克、三元复合肥50千克，深翻28厘米左右，耙碎耙平，做成1.3米的宽畦。畦的形式要根据土质、栽培季节和品种等情况而定，地势高、排灌方便的沙壤土，可开浅沟或平畦栽培；土质黏重、地下水位高、易积水或雨水多的地区，宜做高畦或平畦。苗龄30天左右、5～6片真叶时定植，每畦3行，行距35～45厘米，株距30厘米，每亩栽植5 500～6 000株。定植在阴天或傍晚进行，定植后立即浇水，第二天再浇1次透水，以利于缓苗。

（四）田间管理

1. 浇水 定植后每2天浇1次小水，连浇2～3次。缓苗后中耕1～2次，然后蹲苗10天左右，以利根系生长，蹲苗后及时浇水。球茎开始膨大时，每3～5天浇1次水，浇水要均匀、小水勤浇，保持地皮不干、土壤湿润。待球茎心叶不再生长，即接近成熟时，不再浇水，以免球茎破裂。

2. 追肥　定植后 10～15 天，结合浇水每亩施尿素 5 千克，以促苗快长。球茎开始膨大时每亩施尿素 10 千克，球茎膨大盛期每亩施尿素 15～20 千克。同时，叶面喷施 0.3% 磷酸二氢钾溶液 2～3 次，注意尽量喷在叶背面。

3. 病虫害防治　常见病虫害，如细菌性软腐病参考芹菜软腐病防治方法、霜霉病参考黄瓜霜霉病防治方法、菜青虫参考花椰菜菜青虫防治方法。

（五）采收与贮藏

水果茎蓝定植后 60 天左右心叶停止生长后及时采收。早熟品种宜在球茎未硬化、顶端叶片未脱落时采收；晚熟品种应待其充分成长、表皮呈粉白色时收获。采收时应从地面根部割下，防止损伤外皮。采收后除去球茎顶端叶片，以减少水分蒸腾。

茎蓝适宜贮藏条件：温度 0℃、空气相对湿度 98%～100%。采收后及时销售或放入预冷库预冷至 1～2℃。带叶的茎蓝在 0℃条件下只能贮藏 2 周。去叶茎蓝用 0.015～0.03 毫米厚的带孔聚乙烯薄膜包装，在温度 0℃、空气相对湿度 98%～100% 条件下可以贮藏 2～3 个月，贮藏时包装箱间要留空隙，以利通风。

五、芥蓝栽培技术

（一）品种选择

蜡粉多的品种有细叶早、香港白花、台湾中花等，蜡粉较少的品种有皱叶迟、迟花等。

（二）播种育苗

华北地区种植，4～8 月份播种可选用早熟品种进行露地栽培，6～10 月份采收上市。9 月份至翌年 3 月份播种可选用中晚熟品种进行保护地栽培，11 月份至翌年 5 月份供应，其中 7～9 月份是华北地区的高温多雨季节，应选在冷凉地方种植。可采用直播或育苗移栽，为了节约土地，多用育苗移栽。育苗地应选择排灌方便的沙壤土或壤土，整地时多施腐熟有机肥，用撒播方式播种。苗期要经常保持育苗畦湿润，可施用速效肥 2～3 次，播种适量，注意间苗，避免幼苗过密徒长成细弱苗。间苗一般在 2 片真叶出现以后进行，苗龄 25～35 天、5 片真叶时，选留生长好、茎粗壮、叶面积较大的嫩壮苗。

（三）整地定植

选用保肥保水壤土地块，精细整地，每亩施充分腐熟堆肥 3 000～4 000 千克、过磷酸钙 25 千克。耕翻耙平，土粒打细，一般做平畦，夏季栽培可做小高畦。露地栽培定植宜在下午进行，保护地栽培定植宜在上午进行。在栽苗前 1 天下午苗床浇透水，随挖苗随定植。一般早熟种行株距为 25 厘米×20 厘米，中熟种行株距为 30 厘米×22 厘米，晚熟种行株距为 30 厘米×30 厘米。栽苗不宜深，以苗坨土面与畦面相平或低约 1 厘米为宜。栽苗后随即浇水，以恢复生长。

（四）田间管理

1. 浇水施肥　根据当时温湿度情况及时浇缓苗水。缓苗后叶簇生长期适当控制浇水。进入菜薹形成期和采收期，增加浇水次数，经常保持土壤湿润。菜薹追肥要把握两个时期：一是在定植缓苗后 3～4 天进行，每亩用腐熟人粪尿 500～600 千克、尿素 3 千克兑水稀释后浇施。二是在菜薹形成期进行，此期每 3～4 天追肥 1 次，共追肥 5～6 次，第一次每亩施人粪尿 75 千克，以后逐次适量增加施肥量，随水冲施。

2. 中耕培土　芥蓝前期生长较慢，株行间易生杂草，要及时中耕除草。随着植株生长，茎由细变粗，基部较细，上部较大，头重脚轻，要结合中耕进行培土、培肥，每亩可施有机肥1 000～2 000千克。

3. 病虫害防治　常见病虫害，如黑腐病可参考芹菜黑腐病防治方法，病毒病可参考西瓜病毒病防治方法，菜青虫、小菜蛾和蚜虫防治可参考前面章节相关内容。

（五）采收与贮藏

1. 采收　当主花薹高度与叶片高度相同、花蕾欲开而未开，即"齐口花"时，应及时采收。优质菜薹的标准是薹茎较粗嫩，节间较疏，薹叶细嫩而少。主菜薹采收在植株基部5～7叶节处稍斜切下，并顺便把切下的菜薹切口修平，码放整齐。侧菜薹采收在薹基部1～2叶节处切取。采收应于晴天上午进行。

2. 保鲜贮藏　芥蓝较耐贮运，采收后需长途运输的应放于筐内，在温度1～3℃、空气相对湿度96%条件下预冷约24小时，然后用泡沫塑料箱包装运输，或贮存于1℃的冷库中。

第五章

根菜类蔬菜

一、萝卜栽培技术

（一）品种选择

1. 春萝卜 这类萝卜冬性强，主要分布在长江流域及其以北地区，代表性品种主要有泡里红、五月红、大白泡子、五英萝卜、小半夏、红丁水萝卜、醉仙桃、新野水萝卜、练丝萝卜、四季红2号、春红1号、春红2号、红旦子、春白2号、白玉春、雪春、一点红、农春大根等。

2. 夏萝卜 这类萝卜耐热耐病性强，主要分布在长江流域以南，最集中的是华南地区。代表性品种主要有中秋红、六十子萝卜、上海60日、白石萝卜、短叶13号、火车早萝卜、宜夏萝卜、漳州四季萝卜、双红1号、夏抗40、夏长白2号、东方惠美等。

3. 秋冬萝卜 代表性品种有日本理想系列白萝卜、潍县萝卜、满堂红心里美、红丰1号、红丰2号、春不老、合肥雪花白、平丰3号、新青萝卜、旱红萝卜、板叶大红袍、露八分、浙大长萝卜等。

4. 四季萝卜 代表性品种主要有三月萝卜、南农四季红1号、南农四季红2号、南农四季红3号、鲁萝卜8号、叶宝大根等。

（二）萝卜春季栽培

1. 品种选择　春季栽培萝卜，苗期正值寒冷冬季，气温低、光照弱、光照短，生长后期易发生先期抽薹。因此，应选择耐寒性强、叶簇直立、植株矮小、生长期短、适应性强、抗抽薹的丰产品种，如雪单1号、白玉春、汉白玉等。

2. 整地　春萝卜产量高、肉质根长，后期生长有向上露肩的特性，因此整地应进行"两耕两耙"。翻耕宜在1月份完成，第一次翻耕要深，将较大的土团破碎，翻晒冻垡10～15天；第二次翻耕结合施基肥进行，每亩施充分腐熟有机肥2 500～4 000千克、草木灰100千克、过磷酸钙15～20千克，或施腐熟有机肥2 000千克、三元复合肥40千克。将基肥与土壤充分混匀，耕细耙平。

春萝卜多采用大棚栽培。播种前7～10天整地施肥并扣棚，以便提高地温。为了给肉质根生长创造适宜的土壤条件，大中型萝卜多采用高垄栽培，一般垄高10～20厘米，垄背宽18～20厘米。

3. 适时播种　地表土壤温度达到10℃以上时播种，为实现分期采收、均衡上市，可采用分期排开播种方法，每5～10天播种1期。大棚栽培，可在1月下旬至2月中旬播种，4月上旬开始采收，如在大棚内加盖小拱棚，播期可适当提前。中小拱棚加地膜覆盖栽培，可于2月中旬至3月上旬播种，4月中旬开始采收。露地地膜覆盖栽培，可在3月下旬至4月上旬播种，5月中旬至6月初采收。采取垄上打眼点播，株距15～20厘米，行距20～25厘米，每畦播种2行，每穴播2～4粒种子，每亩播种量200～250克。播种后覆细土0.5～1厘米厚，用喷雾器将穴面覆盖土均匀喷少量水，保持土壤湿润，确保种子发芽。

4. 田间管理

（1）间苗和定苗　出苗后及时间苗，以防止拥挤、遮阴和徒长。第一次间苗在子叶充分展开时进行，点播的每穴留 2～3 株苗。第二次间苗在有 2～3 片真叶时进行，去杂、去劣和拔除病苗。"破肚"时，选择具有原品种特征的植株定苗。

（2）**适时追肥**　萝卜全生长期可施 2～3 次追肥，直根生长前期，追施 1 次速效性氮肥，同时喷施 1～2 次叶面生物肥。"破肚"后，可结合浇水施腐熟人粪尿，并增施磷、钾肥，以促使营养物质的转移和积累。施肥时可在两穴之间打 1 个小孔，将肥料施入后再盖土。

（3）**合理灌溉**　苗期要供应充足的水分，保持土面湿润。幼苗至"破肚"期，少浇水，以利于直根深扎土层。叶片生长盛期，要适量浇水，防止叶片徒长。肉质根生长盛期，要充分均匀地供水，防止裂根。采收前 5～7 天停止浇水，以提高肉质根品质及耐贮性。

（4）**中耕培土**　高垄栽培地块由于雨水冲塌串流，故应结合中耕进行培土。封垄后应停止中耕，注意拔除田间杂草。地膜覆盖栽培，需及时除掉行间、沟中的杂草，不需中耕。

（三）萝卜夏季栽培

1. 品种选择　反季节栽培的夏萝卜应选择耐热性、抗病性强的优质品种，如夏长白二号、东方惠美、夏美浓早生 3 号、夏抗 40 天等。

2. 整地施基肥　播种前结合深耕，每亩撒施充分腐熟有机肥 3 000 千克、草木灰 100 千克、过磷酸钙 25～30 千克，或施腐熟有机肥 2 000 千克、三元复合肥 20 千克以上，一次施足基肥，以后看苗追肥。

3. 适时播种　黄淮海地区夏萝卜一般在 4 月上中旬播种。起垄栽培，垄距 80 厘米，垄高 15～20 厘米，每垄 2 行，株行距 20 厘米×20～25 厘米，每亩保苗 26 000 株以上。一般每穴播 2 粒种子，幼苗 5～7 叶时定苗。播种时要采用药土（如敌百虫、辛硫磷等）拌种或药剂拌种，以防地下害虫。播后盖土2厘米厚，并进行覆盖，以保持水分，防止雨水板结土壤。覆盖物可用麦秸、灰肥等，同时用遮阳网覆盖，保持田间湿而不渍。

4. 田间管理

（1）**苗期管理** 夏萝卜苗期天气炎热，病虫害多，应加强管理。若天气干旱，可每3～4天浇1次水，保持垄面湿润，大雨后应及时排涝。2～3片真叶时，每亩施硫酸铵10～15千克，以促进幼苗快速生长。夏萝卜宜多次间苗、适当晚定苗，于2～3叶期、4～5叶期各间1次苗，7～8叶期定苗。

（2）**肥水管理** 夏季炎热，日照强烈，田间一般较干，应合理浇水。播种发芽期要充分浇水，土壤相对含水量宜在80%以上，以保证出苗快而整齐。幼苗期，土壤相对含水量以60%为宜，掌握少浇勤浇的原则。叶部生长盛期（从破白至露肩），适量灌溉，不可浇水过多。根部生长盛期，应特别注意充分均匀供水，土壤相对含水量保持70%～80%、空气相对湿度保持80%～90%，避免供水不均匀而引起肉质根开裂。夏萝卜忌中午浇水，最好傍晚浇水。定苗后结合浇水每亩施硫酸铵10～15千克，以促进萝卜壅叶生长。相隔10～15天后每亩再施三元复合肥15～20千克，然后扶垄培土、浇水。肉质根膨大期，一般每隔4～5天浇1次水，每隔15～20天追1次肥，每次每亩施三元复合肥20～25千克，促进肉质根加速膨大。

（四）萝卜秋冬季栽培

1. 品种选择 萝卜秋冬季栽培，生（熟）食品种可选择鲁萝卜6号、满堂红、卫青、潍县青、鲁萝卜4号、屯溪白皮梨、江津砂罐等，加工品种可选择晏种、如皋60天、萧山一刀、如皋等。

2. 整地施基肥 选择地势平坦、排灌方便、土层深厚、土质疏松、富含有机质、保水保肥性好、交通方便的地块种植。及早深耕，将土壤打碎耙平，种植入土深的大型萝卜品种应深耕33厘米以上，一般耕深23～27厘米。结合整地每亩施腐熟细碎农家肥1 500～2 000千克、尿素10～15千克、过磷酸钙30～40千克、硫酸钾6～8千克。一般大型品种起垄栽培，中小型品种北方地区平畦栽培；南方地区深沟高畦栽培。

3. 适时播种　秋冬萝卜播期一般在夏末秋初，在适宜播种期里，生长期长的品种适当早播，高温年份适当晚播，生（鲜）食品种适当晚播，加工品种适当早播。一般大型品种行距40～50厘米、株距35～40厘米，中型品种行距25～30厘米、株距20～25厘米。可以先浇水，再播种而后覆土，也可以先开沟、开穴播种，覆土后浇水。伏天播种后除覆土外，还需用谷壳、碎干草、灰肥等覆盖，以免暴雨打板土壤妨碍出苗。大型品种每亩播种量150克左右，中型品种播种量250～300克。播后覆土厚度一般为1.5～2厘米。

4. 田间管理

（1）苗期管理　出苗后及时间苗，夏秋季节病虫危害较重，应采用早间苗、分两次间苗、适当晚定苗的方法，以确保全苗。对于肉质根露出地面较多的品种，尤应注意适当早间苗和培土，以免肉质根长弯。苗期进行2～3次中耕，5～6片真叶时定苗。

（2）肥水管理　苗期适当浇水，并进行中耕，防止畦面、垄面地表温度过高灼伤幼苗。同时，应严格防治蚜虫等虫害，以免发生病毒病。定苗后，配合浇水每亩追施硫酸铵10千克或尿素5千克，或适量人粪尿，以促进叶丛生长。进入肉质根膨大盛期前，即萝卜"露肩"时，要适当控水蹲苗。蹲苗期间深中耕松土，数天后每亩施三元复合肥25～30千克，或硫酸铵10～15千克、草木灰100～150千克，肥料开沟施入，起垄栽培的可进行培垄，施肥后浇透水。进入肉质根膨大盛期后，要及时均匀供水，防止因土壤忽干忽湿引起肉质根开裂。大型品种，在"露肩"时追肥15～20天后，每亩施硫酸铵15～20千克、硫酸钾

5～10千克，或冲施人粪尿 500～800 千克。收获前 20 天禁止施用氮素化肥。

（3）**中耕除草** 秋冬萝卜幼苗期仍处在高温高湿季节，杂草生长旺盛，要及时中耕除草，经常保持土壤疏松、无草和墒情，防止土壤板结。幼苗期中耕不宜过深，肉质根生长盛期尽量少松土，严防碰伤根颈和直根部，引起叉根、裂根和腐烂。定苗后，结合中耕进行培土，以免肉质根周围土壤松动，造成露根或植株倒伏，影响正常生长。

（五）病虫害防治

1. 生理性病害

（1）**肉质根开裂** 萝卜中后期易发生肉质根开裂，多为纵向开裂，裂口较深，长度不一。严重时，裂口由根头部开始，纵贯全根。肉质根开裂，主要是土壤水分供应不均匀造成的。在管理上，注意均匀供应水分。

（2）**歧根** 萝卜肉质根出现 1 个或多个分叉。发生原因是主根生长点受到破坏或生长受到抑制，如土质过硬、土壤中有石块，或肉质根先端被未腐熟的粪肥烧伤，或被地下害虫咬伤，均可造成侧根膨大而形成歧根。

（3）**糠心** 又叫空心，肉质根木质部中心部分发生空洞现象。糠心与品种、栽培条件有关，肉质根膨大早的品种易糠心，播种早、营养面积过大等也易造成糠心。生产中应注意品种选择，加强栽培管理。

（4）**肉质根辣及苦** 味辣是由于肉质根中辣芥油含量过高，主要是由于干旱、炎热、肥水不足、病虫危害、肉质根未能充分肥大造成的。味苦是因为肉质根中含有苦瓜素，即一种含氮的碱性化合物，是由于单纯使用氮素化肥，造成氮肥过多而缺少磷肥所致。为了消除萝卜辣味和苦味，生产中应加强栽培管理和合理施肥。

2. 侵染性病害 常见侵染性病害如根肿病可参考白菜根肿病

防治方法，黑腐病、软腐病可参考芹菜黑腐病、软腐病防治方法。

3. 虫 害

（1）**钻心虫** 幼虫吐丝结网将萝卜心叶形成一团，并躲在其中把萝卜心叶和髓吃空，只剩下外叶。受害轻的，幼苗生长停滞，影响产量；严重时幼苗死亡，造成缺苗断垄。三龄后幼虫除食心叶外，还可从心叶向下钻蛀茎髓，形成隧道，甚至蛀食根部，造成根部腐烂。萝卜播种早受害重，沙壤土比黏土发生较重。

防治方法：收获后及时清除残株败叶，并深翻土地，消灭越冬蛹，减少田间虫口密度。根据当地情况，调整播种期，使菜苗3～5片真叶期与钻心虫发生高峰期错开，减少危害。增加浇水，提高田间湿度，使幼虫大量死亡，减少虫口密度；结合间苗、定苗及其他田间操作，拔除虫苗，摘除害虫；避免十字花科蔬菜连作，中断害虫的食物供给时间。在1～2龄幼虫盛发期，当发现幼苗心叶被害时应立即喷药防治，可用2.5%溴氰菊酯乳油8 000～10 000倍液，或50%辛硫磷乳油800～1 000倍液，每隔5～7天喷1次，连续施药3～4次。

（2）**其他害虫** 小地老虎、蛴螬可参考生菜小地老虎、蛴螬防治方法。

二、胡萝卜栽培技术

（一）品种选择

按肉质根的皮色，胡萝卜可分为紫红色、红色、橘红色、橘黄色、黄色、淡黄色等数种；按肉质根的形状，胡萝卜又可分为圆柱形和圆锥形两类，且二者又各有长、短的差别。

1. 长圆柱形 根长30～60厘米，肩部粗大，尾部钝圆，晚熟，生育期150天左右。代表品种有陕西野鸡红胡萝卜、南京红、常州胡萝卜、河南杞县紫红胡萝卜、浙江东阳黄胡萝卜、湖北麻城棒槌胡萝卜等。

2. 短圆柱形 根长 25 厘米以下，短柱状，中早熟，生育期 90～140 天。代表品种有陕西的西安齐头红、大荔野鸡红、岐山透心红，华北与东北地区的三寸胡萝卜、日本三红，河南的安阳胡萝卜等。

3. 长圆锥形 根细长，一般 20～40 厘米，先端尖，多为中晚熟。代表品种有北京鞭杆红、山西蜡烛台、天津江米条、汕头红胡萝卜、四川小缨胡萝卜等。

4. 短圆锥形 根长不足 20 厘米，中早熟，冬性强，春季栽培抽薹迟。代表品种有烟台三寸、烟台五寸、河南永城小顶胡萝卜等。

（二）胡萝卜秋季栽培

1. 茬口安排 胡萝卜生长期一般为 90～120 天，幼苗生长缓慢，比萝卜提早播种和延后收获。西北和华北地区，多在 7 月上旬至 7 月下旬播种，10 月底至 11 月上旬上冻前收获。东北及高寒地区可提早到 6 月份播种，秋季收获。

2. 整地做畦 胡萝卜适宜的前茬作物为早熟甘蓝、黄瓜、番茄和洋葱、大蒜等，小麦、大麦、豌豆等大田作物也可以。胡萝卜还可以与玉米等高秆作物间作，利用高秆作物遮阴降温，利于肉质根生长，粮菜兼收。

选择土层深厚、疏松透气、能排能灌的沙质土壤。胡萝卜肉质根入土比例较大，需深翻 30 厘米以上，同时结合深耕进行晒土。土壤深翻后多耙几次，耙细整平，以利出苗。结合深翻，每亩施腐熟有机肥 3 000～5 000 千克、速效性氮肥 7.5～10 千克。胡萝卜可平畦栽培，也可高垄栽培，各地依光照、降水等情况具体确定。高垄栽培时垄距为 50 厘米。

3. 播种 胡萝卜种子发芽率低，出苗困难，应严把种子质量关。首先要选择适宜本地区及季节栽培的品种，选择质量可靠、籽粒饱满的种子。使用新种子必须经过充分后熟而且休眠期已过，使用陈种子必须是在良好条件下保存的。每亩播种量1～1.5千克，播前搓去种子上刺毛，以利吸水。播种时在种子中加入 2%～5% 小白菜种子一同播下，可起到遮阴和防止雨后板结的作用。平畦撒播时，畦宽 90～100 厘米；高垄条播时，垄宽 50 厘米可播 2 行，播种深度为 1.5 厘米左右，覆土后镇压。播种后采用柴草遮阴、勤浇水等措施，降低地温，保持土壤湿润。

4. 田间管理 播种后 10 天左右可出苗，幼苗出齐后，选择晴朗无风天气，最好在上午将覆盖物揭掉。

（1）**除草** 胡萝卜喜光，故除草宜早进行，大面积栽培以喷洒除草剂为宜。每亩可用 20% 敌草胺乳油 125～200 克，兑水 30～40 升，于播种后 5 天内喷施土壤表面。

（2）**间苗** 间苗在晴天的午后进行，将过密苗、劣苗及杂苗拔除。第一次间苗在幼苗 1～2 片真叶时进行，结合浅耕除草，苗距 3～4 厘米。第二次间苗在 5～6 片真叶时进行，苗距 10～12 厘米。定苗后浅中耕 1 次，结合中耕松土进行除草和培土。

（3）**灌溉** 胡萝卜种子不易吸水，土壤干旱会推迟出苗，并造成缺苗断垄，播种至出苗连续浇水 2～3 次，使土壤相对湿度保持 70%～80%，雨后及时排水。肉质根手指粗即膨大期是水分需求最多时期，应及时浇水，防止肉质根中心木质化。一般每 10～15 天浇 1 次水，浇水要均匀，防止水分忽多忽少，以免发生裂根。

（4）**施肥** 土壤耕作前施足基肥，胡萝卜生长期可追肥 2 次，为避免烧根应结合浇水追肥，以水带肥，苗期宜稀，后期宜浓。第一次追肥在齐苗后 20～25 天、幼苗 3～4 片真叶时进行，每亩施硫酸铵 2～3 千克、过磷酸钙 3 千克、氯化钾 1～2 千克。25 天后进行第二次追肥，每亩施硫酸铵 7 千克、过磷酸钙 3～4 千克、氯化钾 3～4 千克。

（5）**防止绿肩** 胡萝卜在肉质根膨大前期、约播后 40 天进行培土，使根没入土中（注意不要埋株心），可避免肉质根肩部露出土表受阳光照射变为绿色。

5. 收获与贮藏 肉质根充分膨大时，可根据需要分批分期采收。收获前几天要浇 1 次水，待土壤不黏时即可收获。收获后如果不能及时销售出去，可以选择较完整的肉质根进行贮藏。不太寒冷的地方可以堆于室内，用草苫覆盖过冬；较寒冷的地方可以窖藏，窖内温度保持 0～1℃，可以贮藏到翌年 4～5 月份。

（三）胡萝卜春季栽培

1. 整地施基肥 春种夏收胡萝卜生长期短，对土壤和肥力要求高，应选择背风向阳、地势高燥、土层深厚、肥沃、富含有机质、排水良好、土壤孔隙度高的沙壤土或壤土。前茬作物收获后清洁田园，土壤深翻 25 厘米左右并晾晒。春季栽培胡萝卜，一般采用平畦栽培，畦宽 1.5～1.7 米，畦长 7～8 米。播种前，结合整地每亩施优质腐熟圈肥 4 000～5 000 千克、磷酸二铵 10～15 千克、草木灰 100～150 千克或硫酸钾 10～15 千克。

2. 设置风障 春季气温低，大风天气多，应设置风障。风障一般在冬前或早春土壤解冻后、选择晴朗无风天气进行。在整好畦上沿东西方向，用铁锨挖 30 厘米深、15～20 厘米宽的风障沟，用芦苇、玉米秸或高粱秆互相交叉均匀地立在沟内，随后沟内填满土踩实，风障北侧培土 30 厘米高。风障要稍向南倾斜，与地面约呈 70° 角，在风障两侧距地面 1 米左右处东西向绑一道横档。风障高 2 米左右，两道风障之间距离为 5～7 米。

3. 品种选择 选用早熟、耐热性好、抽薹迟的品种，如新红胡萝卜、日本新黑田五寸、红福四寸、夏时五寸、宝冠五寸等。

4. 催芽 播种前 1 周将种子放入 30～40℃温水中浸泡 3～4 小时，捞出后用湿布包好，置于 20～25℃条件下催芽 72 小时，大部分种子露白时即可播种。

5. 适时播种 于2月中旬至3月上旬（雨水至惊蛰）、棚内气温3～8℃时即可播种。多采用条播方式，每亩用种量200克左右。按行距20厘米、株距10厘米开沟播种，播后覆土一般不超过1厘米，镇压后立即浇透水，出苗前保持土壤见湿见干。浇水时每亩随水冲施50%辛硫磷乳油1千克，以防治地下害虫。

春季风大、气温低，为了保温保湿，播种后立即加覆盖物，可先盖麦秸，种子拱土后去掉麦秸，覆盖地膜。幼苗出齐后，将地膜揭掉。

6. 田间管理

（1）间苗定苗 胡萝卜播种后10天左右可出苗，幼苗出齐后，选择晴朗无风天，最好在上午将覆盖物麦秸或地膜揭掉。幼苗2片真叶时，选择晴朗无风天的中午进行第一次间苗，苗距2～3厘米；幼苗3～4片真叶时进行第二次间苗、定苗，苗距10厘米左右。

（2）中耕除草 定苗后浅中耕1次，结合中耕进行松土、除草和培土。每亩用50%扑草净可湿性粉剂100克兑水25升，在播种后出苗前喷雾表土进行除草。

（3）肥水管理 胡萝卜肉质根在生长中后期需肥水量最多，应及时供给充足的肥水，经常保持土壤湿润。浇水不足易引起肉质根瘦小而粗糙，供水不均易引起肉质根开裂。一般生长后期追肥2～3次，每亩可用磷酸二氢钾2.5～3千克兑水100～125升进行根外追肥。如发现地上部生长过旺，可用15%多效唑可湿性粉剂1500倍液喷施，以促进肉质根膨大。

（四）病害防治

1. 白锈病 叶片发病初期叶正面出现淡绿色小斑点，后变黄色，叶背面长出有光泽的白蜡状小疮斑点，成熟后表皮破裂，散出白色粉状物。病斑多时，病叶枯黄。

防治方法：可用58%甲霜·锰锌可湿性粉剂400～500溶液，

或 50% 琥铜·甲霜灵可湿性粉剂 500 倍液喷施，每隔 5～7 天喷 1 次，连喷 3 次。

2. 霜霉病　可参考黄瓜霜霉病防治方法。

三、洋葱栽培技术

（一）品种选择

1. 黄皮品种　鳞茎扁圆形、圆形或椭圆形，外皮铜黄色或淡黄色，味甜而辛辣，品质佳，耐贮藏，产量稍低，多为中晚熟。代表性品种有北京黄皮、大水桃、荸荠扁、黄玉葱、熊岳圆葱、福建黄皮洋葱、台农选 3 号、千金、万金、泉州中高甲黄、日本大宝、泉州球形黄洋葱、西伯利亚玉葱、玛西迪、黄金大玉葱、连云港 84-1、DK 黄、OP 黄、大宝、莱选 13 等。

2. 红（紫）皮品种　鳞茎圆球形或扁圆形，外皮紫红色至粉红色，肉质微红。含水量稍高，辛辣味较强，丰产，耐贮性稍差，多为中晚熟。代表性品种有北京紫皮、甘肃紫皮、南京红皮、高桩红皮、江西红皮、广州红皮、福建紫皮、红叶 3 号、迟玉葱等。

3. 白皮品种　鳞茎较小，多为扁圆形，外皮白绿色至微绿色，肉质柔嫩，品质佳，宜作脱水菜。产量低，抗病性弱，多为早熟品种。代表性品种有新疆白皮、江苏白皮、系选美白、PS 11390、哈密白皮等。

4. 分蘖洋葱和顶球洋葱品种　分蘖洋葱每株蘖生几个至十多个大小不规则的鳞茎，外皮铜黄色，品质差，产量低，耐贮藏。植株抗寒性极强，适于严寒地区栽培。很少开花结实，用分蘖小鳞茎繁殖；顶球洋葱通常不开花结实，在花茎上形成 7～8 个甚至十余个气生鳞茎。用气生鳞茎繁殖，无须育苗，直接栽植即可。耐贮性和耐寒性强，适于严寒地区栽培。这两类洋葱的代表性品种有分蘖洋葱、东北顶球洋葱、河曲红葱、陕北红葱、甘肃红葱、西藏红葱等。

（二）播种育苗

1. 苗床准备　苗床应选择地势较高、排灌方便、土壤肥沃、近年来没有种过葱蒜类作物的田块，以中性壤土为宜。苗床地基肥施用量不宜过多，避免秧苗生长过旺，一般每 100 米² 苗床施有机肥 300 千克、过磷酸钙 5～10 千克。耕耙 2～3 次，耕深 15 厘米左右，把基肥和土壤充分混匀，耙平耕细，做成宽 1.5～1.6 米、长 7～10 米的畦。

2. 浸种催芽　为了加快出苗，可进行浸种催芽。用凉水浸种 12 小时后，捞出晾干至种子不黏结时放在 18～25℃条件下催芽，每天清洗种子 1 次，直至露芽时即可播种。

3. 播种　播种期应根据当地的温度、光照和选用品种的熟性而定。生产中既要培育健壮秧苗，又要防止秧苗入冬前生长发育过大，以免出现先期抽薹。播种方法有条播和撒播两种。条播，先在苗床畦面上开 9～10 厘米间距的小沟，沟深 1.5～2 厘米，播种后用笤帚横扫覆土，再用脚将播种沟的土踩实，随即浇水；撒播，先在苗床浇足底水，水渗下后先撒一薄层细土，再撒播种子，然后覆盖 1.5 厘米厚的细土。每 100 米² 苗床播种量 0.6～0.7 千克。苗床面积与栽植大田面积比例为 1∶15～20。

4. 苗期管理　播种后保持苗床湿润，防止土面板结影响种子发芽和出苗。幼苗长出第一片真叶后适当控水。幼茎长出 4～6 厘米呈弓状称为"拉弓"，从子叶出土到胚茎伸直称为"伸腰"。播种前浇足底水的，播种后一般不再浇水，"拉弓"和"伸腰"时浇水，以确保全苗；播种前底水不足或未浇水的，播种后到小苗出土浇水 2～3 次。幼苗期结合浇水每亩施尿素 10～15 千克，或有机肥 1 000～1 300 千克。幼苗长出 1～2 片真叶时，除草并进行间苗。撒播的苗距 3～4 厘米，条播的苗距 3 厘米左右。

（三）整地定植

洋葱不宜连作，也不宜与其他葱蒜类蔬菜重茬。洋葱根系浅，吸收能力弱，所以耕地不宜深，但要求整地精细。秋季栽培，在前茬作物收获后进行耕地，耕深15厘米左右。耙平后做畦，一般做宽2米、长10米左右的宽畦。结合整地每亩施优质腐熟厩肥2 000～4 000千克、过磷酸钙16～20千克、硫酸钾15千克。

洋葱的定植时期严格受温度限制，长城以北地区，冬季严寒以春栽为主；鲁、豫、冀中南、陕南、晋临汾以南以秋栽为主；中间地带多进行春栽。一般掌握苗龄50～60天，在地膜上打孔定植，孔深2厘米左右。定植时要选根系发达、生长健壮、大小均匀的幼苗，淘汰徒长苗、矮化苗、病苗、分枝苗及生长过大过小的苗。栽植前对幼苗进行分级：一级苗高15厘米左右、粗0.8厘米左右，二级苗高12厘米左右、粗0.7厘米左右，三级苗高10厘米左右、粗0.6厘米左右。同级苗栽植在一起，以便分类管理，使田间生长一致。

一般按行距15～18厘米、株距12～15厘米，每亩栽植25 000～28 000株。早熟品种宜密些，红皮品种宜稀些，土壤肥力差宜密些，大苗宜稀些。洋葱适于浅栽，最适栽植深度为2～3厘米。

（四）田间管理

1. 浇水　洋葱定植20天后进入缓苗期，该阶段浇水一般掌握少量多次的原则，以不使秧苗萎蔫、不使地面干燥为宜。

秋栽洋葱秧苗成活后即进入越冬期，为保证安全越冬要适时浇越冬水。越冬后返青，进入茎叶生长期，该阶段既要浇水促进生长，又要控水蹲苗，一般蹲苗15天左右。当洋葱秧苗外叶深绿色、蜡质增多、叶肉变厚、心叶颜色变深时，结束蹲苗，开始浇水。以后每隔 8～9 天浇 1 次水，使土壤见干见湿。采收前 7～8 天停止浇水。

2. 追肥 定植后至缓苗前一般不追肥。返青时结合浇返青水追施返青肥，每亩施尿素 15～20 千克、过磷酸钙 20～30 千克，促进返青发棵。返青后 30 天左右进入发叶盛期，每亩追施尿素 15～20 千克。返青后 50～60 天，鳞茎开始膨大，是追肥的关键时期，每亩施尿素 25～30 千克、硫酸钾 15～20 千克。鳞茎膨大盛期适量追肥，保证鳞茎持续膨大。

春栽洋葱追肥时期，分别在缓苗后、叶部生长盛期、鳞茎膨大初期和鳞茎膨大期进行，以叶部生长盛期和鳞茎膨大初期为主。如果定植后进行 2 次追肥，以栽后 30 天和 50 天增产效果最大；如果只进行 1 次追肥，以栽后 30 天或 50 天进行为宜。

3. 中耕松土 中耕松土对洋葱根系发育和鳞茎膨大均有利，一般苗期要中耕 3～4 次，茎叶生长期中耕 2～3 次，在每次浇水后进行。植株封垄后停止中耕。中耕深度以 3 厘米左右为宜，近植株处要浅，远离植株处要深。

4. 除薹 对于早期抽薹的洋葱，可在花球形成前从花苞的下部剪除，或从花薹尖端从上而下一撕两瓣，以免开花消耗养分。同时，喷洒地果壮蒂灵，方法是每 15 升水加地果壮蒂灵胶囊 1 粒，搅拌溶解后叶面喷施。实践证明，先期抽薹植株，采取除薹措施后，仍可获得一定的产量。

（五）病虫害防治

1. 紫斑病 主要危害洋葱叶和花梗。初期呈水渍状白色小点，后变淡褐色椭圆形或纺锤形稍凹陷斑，继续扩大呈褐色或暗紫色，病部长出灰黑色具同心轮纹状排列的霉状物，病部继续扩大，致全叶变黄枯死或折断。种株花梗发病率高，种子皱缩不能充分成熟。

防治方法：生长期浇水不宜过勤，发病后控制浇水。及早防治葱蓟马，以防造成伤口，侵染病害。发病初期喷施75%百菌清可湿性粉剂600倍液，或70%代森锰锌可湿性粉剂500倍液，或58%甲霜·锰锌可湿性粉剂500倍液，每隔7～10天喷1次，连喷3～4次。可与霜霉病结合防治。

2. 病毒病　病株叶尖逐渐黄化、下垂，叶片扭曲，叶面凹凸不平，叶片上出现黄绿色斑驳或黄色长条斑，生长停滞，蜡粉较少。严重时植株矮化、萎缩以至死亡。

防治方法：与非葱蒜类作物实行2～3年轮作，加强肥水管理，及时拔除病株深埋或烧毁；加强虫害防治，减少传播途径。发病初期喷施20%吗胍·乙酸铜可湿性粉剂500倍液，或0.5%菇类蛋白多糖水剂300倍液，或10%混合脂肪酸水剂1000倍液，每隔7～10天喷1次，连续喷2～3次。

3. 霜霉病　参考黄瓜霜霉病防治方法。

4. 细菌性软腐病　参考芹菜软腐病防治方法。

5. 蓟马　参考西瓜蓟马防治方法。

（六）采收与贮藏

洋葱叶片由下而上逐渐变黄，假茎变软并开始倒伏，鳞茎停止膨大，外皮革质，进入休眠阶段，标志着鳞茎已经成熟，应及时采收。采收后在田间晾晒2～3天。直接上市的，可削去根部并在鳞茎上部假茎处剪断装筐出售。需要贮藏的，则不去茎叶，当叶片晾晒至七八成干时，可把茎叶编成辫子，悬挂在通风、阴凉、干燥处（称为挂葱），或用袋、筐贮藏。

第六章

稀特蔬菜

一、菜用豌豆栽培技术

（一）品种选择

目前，市场上常见的菜用豌豆品种有农普 604、旺农 604、海绿甜、农普甜等。菜用豌豆荚脆嫩，纤维少，品质优良，适宜鲜食及冷冻加工。

（二）播　种

1. 播种时间　菜用豌豆是喜冷凉的长日照作物，不耐热，华北地区一般春播夏收。由于豌豆对日照长短要求不严格，只要选择适宜品种，在长江流域也可进行春季和秋季栽培。春季栽培，华北地区一般 4 月份播种，用小棚或地膜覆盖的可提早播种。春季栽培前期低温，后期高温，因此要选择生长期短的耐寒品种，并尽量早播；长江中下游地区在 2 月下旬至 3 月上旬播种，高温来临前收获。秋季栽培宜选择早熟品种，于 9 月初播种，11 月下旬寒潮来临之前采收完毕。秋季栽培，可以通过夏季提前在遮阳棚内育苗，冬季用塑料薄膜覆盖延长生长期。越冬栽培是长江中下游地区最主要的栽培形式，一般利用冬闲地，特别是利用棉花收获后的棉田，既可以棉花秆作天然支架，又可达到增收养地的目的。越冬栽培一般于 10 月下旬至 11 月中旬播种，露地越冬，翌年 4～5 月份采收。需要注意的是若播种过早，冬前生长过旺，则冬季寒潮来临时容易冻死；播种过迟，在冬前植株根系没有足够的发育，则翌年春抽蔓迟，其产量低。

2. 播种育苗　一般采用直播，播种前用 40% 盐水选种，除去上浮的不充实或遭虫害种子。豌豆用根瘤菌拌种可增产，一般每亩用根瘤菌 10～19 克，加水少许与种子拌匀后便可播种。豌豆采用点播，行距 10～20 厘米，株距 5 厘米，每穴播 2～6 粒种子，土壤湿润时覆土 5～6 厘米厚，土壤干燥时覆土可稍厚些。每亩用种子 10～15 千克。

（三）整地定植

豌豆要实行 3～5 年及以上的轮作，一般以土质疏松肥沃、酸性较小的土壤为好。结合耕翻每亩施腐熟农家肥 2 000～3 000 千克、过磷酸钙 20～30 千克、硫酸钾 6～10 千克或草木灰 50～60 千克，地力不足的增施尿素 5～10 千克。豌豆播种时要求土壤有足够的底墒，土壤湿度以手握成团落地散开为宜，过干过湿均不利于出苗，若土壤干燥应在播前 5～7 天浇水。一般做平畦，低洼地可做高畦。播种出苗后，应及时查苗补苗。每穴苗过多时，除去弱小病残苗，保留壮苗。

（四）田间管理

播种后要浅中耕松土数次，提高地温促进根系生长。秋播的，越冬前进行 1 次培土，以保温防冻；翌年开春后及时松土除草，提高地温。豌豆开花前，浇小水追速效氮肥，每亩可施尿素 5～7.5 千克，随后松土保墒。开始坐荚时，浇水量稍加大，每亩追施磷、钾肥 10～15 千克、过磷酸钙 2～3 千克。结荚盛期需水量大，要经常保持土壤润湿。同时，喷施磷、钾肥，特别是硼、锰、钼等微量元素肥料，增产效果显著。结荚后期，豆秧封垄，应减少浇水。蔓性种植，株高 30 厘米时开始支架。豌豆分批采收，每采收 1 次追 1 次肥。

（五）病害防治

1. 病毒病 全株发病，病株矮缩，叶片变小、皱缩，叶色浓淡不均，呈镶嵌斑驳花叶状，结荚少或不结荚。

防治方法：参考西瓜病毒病防治方法。

2. 褐斑病 发病初期于叶面上产生淡褐色病斑，病斑边缘形成明显斑块。茎上染病，在茎秆上产生纺锤形或近椭圆形褐色病斑。豆荚上染病，病斑稍凹陷，向深度逐渐扩张危害种子。种子或病残体为初侵染源，田间湿度大利于此病的发生和流行。

防治方法：采用温汤浸种。发病初期用 12.5% 腈菌唑乳油 100 克兑水 60 升喷雾。

3. 白粉病 参考黄瓜白粉病防治方法。

（六）采收与贮藏

豌豆用途不同采收期也不同。食用嫩荚的，花后 12～14 天、嫩荚充分长大且柔软、籽粒未充分膨大时为适宜采收期；食用嫩粒的，籽粒需充分膨大且饱满、荚色由深绿变淡绿、荚面露出网状纤维时为适宜采收期，一般在开花后 15～18 天。按标准分期采收，软荚种分 2～3 次完成，硬荚种分 1～2 次完成。豌豆在温度为 0℃、空气相对湿度为 95%～100% 条件下可贮藏 7～14 天。

二、香椿栽培技术

（一）品种选择

生产中常见香椿品种有褐香椿、红香椿、黑油椿等，其嫩芽肥壮，香味特浓，脆嫩，多汁。

（二）苗木繁殖

香椿繁殖分播种育苗和分株繁殖（也称根蘖繁殖）两种。

1. 播种育苗 选当年新种子，要求种子饱满、颜色新鲜呈红黄色、种仁黄白色、净度98%以上、发芽率40%以上。播种前用40℃温水浸种5分钟左右（不停地搅动），然后放在20～30℃水中浸泡24小时。控去多余水分，摊开放于干净的苇席上，厚约3厘米，上面覆盖干净的布，在20～25℃条件下保湿催芽。催芽期间每天翻动种子1～2次，并用25℃左右清水淘洗2～3遍，有30%种子萌芽时即可播种。

选地势平坦、光照充足、排水良好的沙性土和土质肥沃的田块做育苗地，结合整地施基肥。做1米宽的畦；按30厘米行距开沟，沟宽5～6厘米，沟深5厘米，均匀播种，覆盖2厘米厚的土。播后7天左右出苗，出苗前严格控水，幼苗4～6片真叶时间苗和定苗，定苗前浇水，按株距20厘米定苗。株高50厘米左右时，进行苗木矮化处理，可用15%多效唑可湿性粉剂200～400倍液喷施，每10～15天喷1次，连喷2～3次。多效唑处理的同时进行摘心，可以增加分枝数。

2. 分株繁殖 早春挖取成株根部的幼苗，栽植在苗地上，翌年苗高2米左右时移栽定植。也可采用断根分蘖方法，于冬末春初，在成年树周围挖60厘米深的圆形沟，切断部分侧根后将沟填平，断根的先端萌发新苗，翌年即可移栽。

（三）整地定植

1. 整地 结合整地每亩施优质农家肥5 000千克以上、过磷酸钙100千克、尿素25千克，深翻整平。

2. 定 植

（1）**普通栽培** 香椿苗育成后，一般在早春发芽前定植。大片营造香椿林时，行株距7米×5米。定植后浇水2～3次，以提高成活率。

（2）**矮化密植**　这是近年来发展的一种大田栽培方式。株距15厘米，行距15厘米，每亩栽6000株左右。

香椿树型可分为多层形和丛生形两种：多层形是当苗高2米时摘除顶梢，促使侧芽萌发，形成3层骨干枝，第一层距地面70厘米，第二层距第一层60厘米，第三层距第二层40厘米，多层形树干较高，木质化充分，产量较稳定；丛生形是苗高1米左右时即去顶梢，保留新发枝，只采嫩叶不去顶芽，待枝长20～30厘米时抹头，其特点是树干较矮，主枝较多。

（四）田间管理

温室密植矮化栽培香椿，栽培管理上要掌握以下技术要点。

1. 温度调节　定植后的前几天不加温，温度保持1～5℃，以利缓苗。定植8～10天后在棚室上加盖草苫，白天揭、晚上盖，白天温度保持18～24℃、夜间12～14℃，经40～50天即可长出香椿芽。

2. 植物生长调节剂应用　定植缓苗后用抽枝宝进行处理，方法是对香椿苗上部4～5个休眠芽用抽枝宝药剂定位涂抹，1克药剂可涂100～120个芽，涂药后芽体饱满，嫩芽健壮，产量可提高10%～20%。

3. 湿度调节　定植后浇透水，以后视情况浇小水，空气相对湿度保持85%左右。萌芽后生长期间，空气相对湿度以70%为好。

4. 光照调节　日光温室香椿栽培，采用无滴膜，并保持棚膜清洁，以确保良好的光照条件。

5. 肥水管理　香椿为速生木本蔬菜，需水量不大，对钾肥需求较高，每次采摘后应根据地力、香椿长势及叶色适量追肥浇水。

6. 套隔光薄膜袋　谷雨后地温18℃以上时即可撤掉棚膜，让树苗自然生长。此后树苗虽然生长发育较快，但容易老化，可在香椿芽长至 5 厘米时，用黑、红两层两色聚乙烯薄膜套袋隔光，这样既可增加产量，又能保证椿芽不老化。香椿芽长到 15 厘米时连袋一起采下，然后去袋销售，薄膜袋可多次利用。

7. 打顶促分枝　在采摘第二茬香椿芽时，将苗长从离地面 40 厘米处打顶定干，然后喷洒 15% 多效唑可湿性粉剂 200～500 毫克 / 千克溶液，以控制顶端优势，促进分枝迅速生长，实现矮化栽培。以后根据树型发育情况，及时打顶、打杈，确保树冠多分枝、多产椿芽，达到高产优质。

（五）病虫害防治

1. 干枯病　危害香椿幼树，苗圃发病率高。轻者被害枝干干枯，重者全株枯死。树势较弱或幼枝干上常发病。发病初期，枝干受害部位表皮呈棕褐色，后期表皮密生黑点时，枝干渐渐枯死。枝干被害部位以朝阳面为重，背阴面较轻。

防治方法：及时清除病枝、病叶，集中处理，减少初侵染源；加强肥水管理，增强树势，提高抗病能力；在初发病斑上打些小孔，深达木质部，然后喷涂 70% 硫菌灵可湿性粉剂 200 倍液，或在伤口处涂抹波尔多液或石硫合剂。

2. 云斑天牛　成虫啃食新枝嫩皮，使新枝枯死。幼虫蛀食枝条韧皮部，影响树木生长，严重者可致整枝、整树枯死。

防治方法：在成虫集中出现期，组织人工捕杀。成虫产卵部位较低，刻槽明显，可挖掉虫卵。也可用 80% 敌敌畏乳油（或 40% 乐果）与柴油按 1：9 的比例混合均匀，点涂产卵刻槽，毒杀虫卵、初孵幼虫及侵入不深的幼虫。树干上发现有新鲜排粪孔时，将 80% 敌敌畏乳油 200 倍液，或 40% 乐果乳油 400 倍液注入排粪孔，再用黄泥堵孔，毒杀幼虫。

（六）采收与贮藏

香椿一般在清明前发芽，谷雨前后即可采摘顶芽。第一次采摘的称头茬椿芽，既肥嫩又香味浓郁，质量上乘。以后根据生长情况，间隔 15～20 天进行第二次采摘。新栽香椿最多采收 2 次，3 年生树每年可收 2～3 次。保护地栽培香椿，在合适温度条件下（白天 18～24℃、夜间 12～14℃）生长快，当香椿芽长到 15～20 厘米、着色良好时即可采收。第一茬椿芽要摘取丛生在芽薹上的顶芽，采摘时要保留芽薹把顶芽采下，使芽薹基部继续分生叶片，采收宜在早、晚进行。温室香椿芽每隔 7～10 天采 1 次，可连续采 4～5 次。香椿多次采收，树体营养消耗大，应加强肥水管理，可在首次采芽后每月每株施尿素 8～12 克，也可每隔 15～20 天喷施 1 次叶面肥。采收后整理扎捆，一般每 50～100 克为 1 捆，装入塑料袋内封好口，防止水分散失。

香椿芽贮藏适温为 0℃，空气相对湿度为 80%～85%。室内贮藏，可选凉爽、湿润、通风的室内，先在地上洒水，再铺一层席，然后将香椿平摊在席上，厚约 10 厘米，上用湿草或薄膜覆盖，一般可贮藏 5～7 天。冷库贮藏，先将香椿芽整理捆把，送冷库架预冷，再装袋冷藏。方法是先将一块 0.02～0.03 毫米厚的聚乙烯薄膜衬垫在塑料箱或纸箱内，然后放入成捆的已预冷的香椿芽，每箱加 1 包乙烯吸收剂（用碎砖吸收过饱和高锰酸钾溶液的纱布包），将薄膜折叠盖好，送入冷库架摆或堆码。也可用塑料薄膜袋小包装贮藏，即用 0.02～0.03 毫米厚的聚乙烯薄膜制成 25～30 厘米×25～30 厘米规格的包装小袋，每袋装 0.15～0.25 千克预冷过的香椿把、1 包乙烯吸收剂，扎紧袋口。或用打孔的薄膜袋（打 8 个直径 5 毫米的小孔）。贮藏期间库温保持 0～1℃、空气相对湿度保持 80%～85%，一般可贮藏 1 个月左右。

三、牛蒡栽培技术

（一）整地播种

1. 整地　选用疏松肥沃、土层深厚、排水良好的园地种植。牛蒡宜轮作，忌连作。结合整地每亩施腐熟有机肥 2 000 千克、过磷酸钙 50 千克、三元复合肥 30 千克、氯化钾 10 千克或草木灰 50 千克。土壤耕深 30～60 厘米，起高畦，畦高 30 厘米，畦沟深 50 厘米，畦面宽 80 厘米，每畦开播种沟 2 条；或畦宽 2 米，每畦开播种沟 4 条。

2. 播种　牛蒡分叶用和根用两类，目前市场上较受欢迎的是根用品种。春播可选用早熟种，如日本的渡边早生、松中早生等；秋播可选用中晚熟品种，如柳川理想、新林 1 号等。牛蒡多为露地栽培，栽培季节一般为春、秋两季，秋季栽培 10 月上旬至 11 月上旬播种，11 月上旬盖上拱形地膜；春季栽培 3 月中旬至 5 月中旬播种，盖地膜的可在 3 月份播种，露地栽培的应在晚霜结束之后播种。播种前用清水浸种 24 小时，并反复搓洗，然后置于 25℃ 条件下催芽。播种时种子宜拌以细土，一般采用条播，条距 40 厘米，每隔 10～15 厘米点播 3～5 粒种子，播后盖土厚 1～2 厘米，每亩用种子 150～200 克。播种后约 10 天可全部发芽出土，发现缺苗要及时补播。为保证全苗，可在播种的同时用小塑料袋同时培育部分幼苗，以备补苗用。

（二）间苗定苗

牛蒡幼苗在 2～3 叶期和 4～5 叶期各间苗 1 次。间苗时除去劣苗，凡叶数多、生长过旺、叶色过浓绿、叶片下垂、叶缘缺刻多、根茎顶部露出地面多的宜及时拔除。间苗操作要轻，尽量不伤及邻株，以免产生歧根。最后 1 次间苗，每穴留苗 1 株。定苗后株行距 30 厘米×45 厘米，拟早收获的要适当疏植，以增加营养面积，促进生长发育；拟迟收获的要适当密植，以免间距大、生长期长、过于粗大而影响商品外观。

（三）田间管理

从出苗至封行前中耕 2～3 次，封行前的最后 1 次中耕应向根部培土。对杂草偏重的地块，在播种后至出苗前，每亩用 50% 精喹禾灵乳油 50～60 毫升，兑水 20 升喷洒地面进行除草。牛蒡生长迅速，叶片大，需要大量水分和肥料。有灌溉条件的可漫灌，即灌即排，不可积水，经常保持土壤湿润便可。生育期一般追 3 次肥，第一次追肥，在株旁挖浅沟，每亩施三元复合肥 30 千克或腐熟堆肥 1 000 千克。第二次追肥在株高约 50 厘米时，每亩施尿素 20 千克。第三次追肥在直根开始膨大期，即播种后 70 天左右进行，每亩施尿素 20 千克。

牛蒡直根产生歧根后，会极大地降低商品价值。防治方法：①选择土层深厚疏松、排水良好的沙质壤土栽培，忌在黏重土壤栽培。②合理施肥，有机肥要充分腐熟，并与土壤拌匀；追肥要施于苗株旁，浓度不可过高，以免伤根。③经常保持土壤湿润，尤其肉质根迅速膨大期不可受旱。④采用新鲜种子，发芽率高，苗株长得快，产生歧根少。

（四）病虫害防治

1. 灰斑病 主要危害叶片，病斑近圆形、褐色至暗褐色，后期中心部分转为灰白色，潮湿时两面生淡黑色霉状物。

防治方法：秋季清洁田园，彻底清除病株残体。合理密植，及时中耕除草，控施氮肥。发病初期喷洒 75% 百菌清可湿性粉剂 500 倍液。

2. 轮纹病 叶片上病斑近圆形、暗褐色，以后中心变为灰白色，边缘不整齐，稍有轮纹，病斑生小黑点，即病原菌的分生孢子器。

防治方法：同灰斑病。

3. 红花指管蚜和菊小长管蚜　危害茎叶和果实，严重时可造成绝产。

防治方法：可喷施 40% 乐果乳油 1 000 倍液，或 10% 氰戊菊酯乳油 3 000 倍液。

（五）采收与贮藏

播种后 100～140 天可采收，具体采收时间依播种季节和品种而异。秋牛蒡应在翌年 6 月底采收完毕，以避开蛴螬幼虫危害期。春牛蒡可从 8 月份收获至 11 月份，也可留在地里随时收获，直到翌年 3 月份。采收时，在地面上留 15 厘米长的叶柄，割去叶片，在根的侧面挖至 15 厘米时用手拔出。采收后除去泥土，进行分级，捆把出售。一级牛蒡长约 80 厘米，二级牛蒡 60～80 厘米，三级牛蒡短于 50 厘米。收获后先在 5℃ 条件下预冷，然后装入塑料袋内，在温度 0～4℃、空气相对湿度 90% 条件下贮藏。

四、银丝菜栽培技术

（一）品种选择

早熟品种可选用"京锦"金线芥、早生壬生菜等，中晚熟品种可选用中熟壬生菜、黑叶金丝芥等。

（二）播种育苗

1. 直播　银丝菜播种期弹性较大，可以根据市场情况灵活安排，但最好避开夏季栽培。直播每亩用种量 250～300 克，将菜种与细沙土混合均匀撒播于畦面，播后覆细土 0.8～1 厘米厚并淋透水。

2. 露地育苗 选肥沃疏松、向阳、前茬未种过十字花科植物的地块。播种前结合深翻每亩施腐熟堆肥1 000千克作基肥，整平起畦，用1%多菌灵溶液喷洒进行土壤消毒，然后播种。播种后若温度过低可覆盖小拱棚保温，一般播种后2～3天后出苗。1～2片真叶时间苗，并叶面喷施0.2%尿素溶液，间隔7天再喷1次，15天后可用1∶10稀粪水浇淋1～2次。苗龄25～30天。

3. 穴盘育苗 银丝菜苗期生长较纤细，可用288孔穴盘或抛秧盘育苗。培育基质用火烧土1份、细碎菜园土2份、腐熟农家肥0.2～0.5份，细碎后混匀装盘。每穴点种1～2粒种子，播后覆盖细土约0.5厘米厚，喷透水，以水从穴盘底孔滴出为度，喷水后各格室应清晰可见。苗期要经常保持基质湿润，土面发干即要喷水。温度最好保持在15℃以上，温度过低苗期延长。肥水管理基本与露地育苗相同。注意防治猝倒病及蚜虫、小跳甲等。幼苗4～5片真叶时定植。

（三）整地定植

选择透气性较好、土质肥沃、排水良好、前茬最好未种过十字花科作物的地块种植。每亩施腐熟有机肥2 000千克，耕翻耙细，用99%噁霉灵原粉3 000～6 000倍液喷洒进行土壤消毒，可防治土传根系病菌引发菜苗猝倒病。深翻15～20厘米，做宽100厘米的畦。按株行距20厘米×25厘米，每亩定植10 000株左右，定植密度越大，梗越白，品质越好，单产也越高。移苗要带土坨，以保护根群不伤断。栽植不宜深，以土坨与地面相平即可，勿把菜心埋在土中。栽植后浇足定根水，以利迅速缓苗成活。

（四）田间管理

银丝菜为浅根性作物，生长快，需水量相应较多，浇水宜勤，以保持土壤湿润且不积水为宜。在移苗至封垄前，结合中耕除草2～3次。追肥宜掌握"先淡后浓，先少后多"的原则，整个生长期追肥4次。在定植后7～10天进行第一次追肥，每亩浇施2∶8（2份肥，8份水）腐熟人畜粪水1000千克。定植后15天进行第二次追肥，每亩浇施3∶7腐熟人畜粪水1000千克、尿素3～4千克。第三次追肥在分蘖中期进行，每亩浇施3.5∶6.5腐熟人畜粪水1500千克、尿素5～6千克。第四次追肥在分蘖盛期进行，每亩浇施4∶6腐熟人畜粪水2000千克、尿素7～8千克。

（五）病虫害防治

1. 猝倒病　可参考黄瓜猝倒病防治方法。

2. 蚜虫及潜叶蝇　避免使用未腐熟粪肥，特别是厩肥，以免把虫源带入田中间。由于潜叶蝇是幼虫潜入叶内危害，所以用药必须抓住产卵盛期至孵化初期的关键时刻进行杀灭，可选用2.5%溴氰菊酯乳油或20%氰戊菊酯乳油3000倍液，或80%敌百虫可溶性粉剂或50%辛硫磷乳油1000倍液喷杀。

（六）采收与贮藏

直播方式种植的在播种后20～30天采收，可一次全部拔收，也可分多次间拔采收，或按20～30厘米定苗，最后采收大株。育苗移栽方式种植的一般在定植后30天左右采收，定植密度越大，采收越早。当植株分蘖达到12个以上时即可陆续采收上市，过早收获产量低；过迟采收，粗纤维增多，品质降低。如气温较低可在单株达50克以上时采收。需长途运输的采收后放于筐内，在温度1～3℃、空气相对湿度96%的室内预冷，经24小时后用泡沫塑料箱包装运输，或贮存于1℃的冷库中。

五、球茎茴香栽培技术

（一）品种选择

目前，球茎茴香种子多从国外引进，或从引进品种中自行选留繁种，多为常规品种。主要有荷兰球茎茴香、意大利球茎茴香、白玉等。

（二）茬口安排

华北地区采用露地和保护地相结合的栽培模式，可做到周年生产。春季露地栽培必须选择较耐热和对光照要求不严格的早熟品种，否则易发生早抽薹不结球现象。6月下旬至7月上旬播种，10月上旬至11月上旬采收的球茎可假植于阳畦或贮藏于菜窖，以便随时上市。改良阳畦或温室栽培，于7月下旬至8月上中旬播种，11月下旬至翌年2月份采收。冬春茬栽培于11月上旬至12月上旬在温室播种育苗，12月中旬至翌年1月中旬定植于温室，3～4月份采收。华北地区露地栽培于7月底至8月初用黑色遮阳网覆盖育苗。

（三）播种育苗

1. 种子处理 用种子重量2%～3%的50%多菌灵可湿性粉剂拌种，可有效防止球茎茴香软腐病的发生。也可在播前用48～50℃温水浸种25分钟。球茎茴香种子千粒重为3～5克，定植1亩大田需种子70～80克、需育苗畦40米^2。

2. 育苗技术 球茎茴香可以直播，也可育苗移栽，生产中大多采用育苗移栽。夏秋季露地育苗要选地势较高、排水良好的地块。

（1）苗床育苗 炎热季节育苗，应选择四面通风、排灌条件

良好的场地，最好覆盖遮阳网。每平方米苗床施腐熟有机肥2～
3千克、硫酸铵0.05千克、过磷酸钙0.2～0.3千克，整平畦面，
按沟距10厘米、沟深1厘米开沟撒播种子，然后覆土浇水。出
苗后按2～3厘米间距间苗，3～4片真叶时按4～5厘米间距育
苗。苗期应小水勤浇，保持土壤见干见湿，定植前1天浇1次透
水，第二天切方囤苗。苗龄25～30天、4～5片真叶时即可定
植，起苗时避免伤根。

（2）**穴盘育苗** 球茎茴香叶片稀疏直立，根系分生能力弱，
育苗多选用288孔穴盘。育苗基质以草炭和蛭石为主，草炭：蛭
石＝2∶1或3∶1，或草炭∶蛭石∶废菇料＝1∶1∶1。配制时每
立方米基质加叶菜类基质专用肥2千克、50%多菌灵可湿性粉剂
100克。选择发芽率90%以上的优质种子，播种深度以0.8～1
厘米为宜。播种后用蛭石覆盖，覆盖后应使各格室清晰可见。播
种覆盖后喷透水，以水从穴盘底孔滴出为度。从种子萌发至第一
片真叶出现需8～10天，此期基质相对含水量保持85%～90%。
从第一片真叶到成苗需20天左右，基质相对含水量保持
70%～75%。夏季温度高、蒸发量大，每1～2天喷1次水。幼
苗2叶1心后，结合喷水叶面喷肥1～2次，可用2%～3%尿素
和磷酸二氢钾溶液喷洒。球茎茴香性喜冷凉，生长适温为20～
25℃，为防止高温危害，晴天中午用遮阳网覆盖2～3小时。定
植前3～5天不覆盖遮阳网，在自然条件下进行炼苗。

（四）整地定植

结合整地每亩施腐熟细碎有机肥3 000千克左右。地整平整
细后做长8米、宽80～90厘米的瓦垄高畦，畦背宽40～50厘
米，畦沟宽40厘米。生产中最好铺地膜并安装滴灌设备。幼苗
5～6片真叶、高20厘米左右时定植。苗床育苗的起苗前充分浇
透水，选择阴天或傍晚带土坨定植。行距不少于30厘米，株距
25～30厘米，每亩定植6 000株左右。栽植时，尽量将叶鞘基

部膨大方向与栽植行的方向呈 45° 角，以增加受光面积。栽植后浇足定根水。

（五）田间管理

1. 露地栽培田间管理　定根水后至缓苗一般再浇 2 次水，保持田间土壤湿润。新叶长出后进行中耕除草，蹲苗 7～8 天，待苗高 30 厘米左右时进行第一次追肥，每亩随水施硫酸铵 15 千克或碳酸氢铵 20 千克。球茎开始膨大时进行第二次追肥，用肥量较第一次追肥增加 30%。球茎迅速长大期进行第三次追肥，用肥量同第一次。浇水要根据生长情况而定，苗期适当少浇，球茎开始膨大后适当多浇，浇水要均匀，不可忽干忽湿，以免造成球茎外层爆裂。

2. 日光温室冬季栽培田间管理

（1）日光温室准备　上茬作物清理干净，每亩撒施生石灰、碎稻草或小麦秸秆各 400～500 千克，然后翻地、做垄、浇水，盖严地膜，密闭闷棚 7～10 天，使土壤温度达 60℃以上，以杀死病菌和虫卵。

（2）适期播种　冬季栽培中，宜选用耐低温、弱光且整齐度较高的品种。冬季球茎茴香栽培，从播种到采收一般需要 130～150 天，春节前采收上市，播种期应选择在 8 月份，采用育苗移栽的应在 8 月上中旬播种。

（3）整地定植　定植前用 25% 三唑酮可湿性粉剂 400 倍液喷洒棚室进行消毒。结合整地每亩施优质腐熟有机肥 3 000 千克、三元复合肥 20 千克。为充分发挥肥效，可将肥料集中施于施肥沟，施肥沟深约 20 厘米，窄行距约 40 厘米，宽行距约 60 厘米。施肥后做成高 10 厘米、宽 60～70 厘米的小高畦。

（4）通风换气　缓苗后应于早晨、中午进行通风换气，天气较热的 10 月份应采用上、下两道通风口通风，较冷凉的 11 月份及以后宜采用上通风口通风。生产中通风换气时间可根据棚室内的温度高低和湿度大小灵活掌握。

3. 冬春温室二茬栽培田间管理

（1）**品种选择** 选用耐低温、弱光，早春耐抽薹，冬季生育期 120～140 天、春秋生育期 90～100 天的品种。

（2）**前茬采收的要求** 温室前茬秋冬球茎茴香于翌年 1 月中旬至 2 月中旬采收，采收前土壤保持水分，但不可过湿，一般采收前 10～15 天停止浇水，以防土壤过湿造成伤口感染腐烂。采收时，用快刀在贴近底部第一片叶基部与地面平行切取，保证老根的切口平整。切口最低要高出地面 1～2 厘米，从而最大限度地避免伤口感染，并给伤口尽快愈合创造条件。

（3）**前期老根伤口的管理** 清除老根附近的残留茎叶，畦床表面要打扫干净。为防止伤口感染腐烂病、菌核病、枯萎病等病害，采收后及时用 50% 腐霉利水剂或 50% 多菌灵可湿性粉剂 50 倍液涂抹伤口，5～7 天后再涂抹 1 次。

（4）**前期侧芽的管理** 切口进行药剂处理后，老根上的隐芽开始萌动生长，为促进生长，并防止新出的小芽通过低温春化，此时温度不可过低，白天温度保持 20～22℃、夜间 10～12℃。采收后 10～15 天，老根切口下部的隐芽长至 5～7 厘米、侧芽有 5～10 个时用手掰去多余的侧芽，只留 1 个最健壮的芽，并在所掰芽眼的伤口处涂药。定芽后，每亩施硫酸铵 10 千克，可在距老根 15 厘米处搂沟埋施，施肥后及时浇水，但浇水量不可过大。

（5）**生长中期管理** 进入 3 月份，室内温度逐步升高，植株生长速度加快，白天通风时间要逐渐加长，白天温度保持 15～22℃、夜间 10～12℃。此期要加强肥水管理，做到水水带肥，每 7～10 天施肥 1 次，每次每亩可施三元复合肥 5～10 千克。

（6）**生长后期管理** 二茬球茎茴香一般比直接定植的生长速度快，可提前进入球茎膨大期，到 4 月中旬进入生长后期。此期要适当控制肥水，畦面保持见干见湿；否则，上部叶片极易徒长，不利球茎生长，且球茎易松散。球茎茴香极少发生病害，但后期要加大通风量，并注意防治蚜虫。

（六）采收与贮藏

1. 采收 球茎茴香从播种至采收球茎需 75 天左右，此时单球茎重 250 克以上。采前 1 周不浇水，可有效提高其耐藏性。采收最好在清晨进行，采收时用刀切除根盘，球茎上留长约 5 厘米的叶柄。采收后装入四周围上包装纸的菜筐，尽快运至冷库贮藏。从采收到装筐和搬运均要小心操作，以免造成机械损伤，降低耐贮性。

2. 预冷 可采用冷库预冷和差压预冷。冷库预冷时温度设在 0℃，将菜筐顺着库内冷风的流向堆码成排，排与排之间留出 20～30 厘米的缝隙（风道），靠墙一排应离墙 15 厘米左右，码垛高度要低于风机。预冷时间 12～24 小时。差压预冷时温度设在 0℃，按差压预冷机的要求进行堆码和预冷操作。预冷时间 30 分钟左右。

3. 包装 贮藏可选择 0.01～0.02 毫米厚的聚乙烯（PE）塑料薄膜，单个或 2～3 个球茎为 1 包，包好后码放在菜筐中进行贮藏。也可将 0.03 毫米厚的 PE 塑料薄膜做成袋子套在贮藏筐上，折口或扎口贮藏。如果贮藏量大也可在库内把菜筐码成 2～3 排筐的垛，垛高要低于冷库风机，再用 0.03～0.04 毫米厚的 PE 塑料薄膜做成大帐，扣在菜垛上进行贮藏。冷库贮藏温度为 0℃，贮藏过程中应保持冷库温度均衡，避免忽高忽低，一般贮藏 20～30 天。

六、黄秋葵栽培技术

（一）品种选择

早熟品种可选择五角、卡里巴等，中晚熟品种可选择绿宝石、绿盐、五福等。

（二）播种育苗

1. 播种期 黄秋葵以春播为主，一般在终霜后、地温15℃以上时直播。南方地区春天气温较高，可在2月份以后直播；北方地区气温较低，播种适期为5月上中旬，长江中下游4月上旬播种，沿海地区4月下旬播种。

2. 种子处理 播前浸种12小时，然后置于25～30℃条件下催芽，约24小时后种子开始出芽，待60%～70%种子"破嘴"时即可播种。

3. 播种方法

（1）**直播** 以穴播为宜，每穴3株，穴深2～3厘米。先浇水后播种，播后覆土约2厘米厚。直播每公顷用种子约10千克。

（2）**育苗移栽** 一般比大田直播提前20～30天播种，可播于棚室苗床上。播前每亩撒施三元复合肥20千克，耙细整平，做成畦面宽1米、畦埂高4～6厘米的小低畦，畦面要求北高南低、落差约10厘米，以利采光。每亩用种子约1.5千克，播后覆细土1～1.5厘米厚。播种后苗床温度保持25℃左右，4～5天即可发芽出土。在棚室采用塑料钵、育苗盘或营养袋育苗则效果更好。

（三）整地定植

1. 整地 黄秋葵忌连作，也不能与果菜类作物接茬，以免发生根结线虫病。最好选根菜类、叶菜类作前茬，土壤以土层深厚、肥沃疏松、保水保肥的壤土为宜。前茬作物收获后及时深耕，每亩撒施腐熟厩肥5 000千克、三元复合肥20千克，混匀耙平做畦。

2. 定植 可采用大小行种植，也可采用窄垄双行种植。大小行种植，畦宽200厘米，大行距70厘米，小行距45厘米，每畦4行，株距40厘米；窄垄双行种植，垄宽100厘米，畦沟宽50厘米，每垄种2行，行距70厘米，株距40厘米。破心时进行第一次间苗，间去残弱小苗。2～3片真叶时进行第二次间苗，选留壮苗。3～4片真叶时定苗，每穴留1株。每亩以2500～3000株产量最高。定植时带土移栽，尽可能地保护根系不受损伤。苗床育苗的起苗时应多带护根土，采用营养钵及营养袋育苗的要保持钵、袋土不散开。以苗龄25天、幼苗2～3叶定植为佳。定植后浇透定根水，以利成活。

（四）田间管理

1. 中耕除草与培土 幼苗出土或定植后，气温较低，应连续中耕2次，提高地温，促进缓苗。第一朵花开放前加强中耕，适度蹲苗，以利根系发育。开花结果后，植株生长加快，每次浇水追肥后均应中耕，封垄前结合中耕培土，防止植株倒伏。夏季暴雨多风地区，最好选用1米左右长的竹竿或树枝插于植株附近并绑扶，防止倒伏。

2. 浇水 黄秋葵生育期间要求较高的空气温度和土壤湿度。播种后20天内宜早、晚进行人工喷灌，幼苗稍大后可以采用机械喷灌或沟灌。夏季正值黄秋葵收获盛期，需水量大，地表温度高，应在早上9时以前、下午日落以后浇水。雨季及时排水，防止死苗。整个生长期以保持土壤湿润为度。

3. 追肥 在施足基肥的基础上应适当追肥。出苗后每亩施尿素6～8千克，定苗或定植后每亩施三元复合肥15～20千克，开花结果期每亩施人粪稀液2000～3000千克，或三元复合肥20～30千克。生长中后期，酌情多次少量追肥，每次每亩施三元复合肥5千克，以防植株早衰。

4. 植株调整 黄秋葵植株生长旺盛，主、侧枝粗壮，叶片肥大，易使开花结果延迟。生产中可采取扭枝法，即将叶柄扭成弯曲状下垂，以控制营养生长。生育中后期，嫩果采收后将其以下的各节老叶及时摘除，这样既可改善通风透光条件，减少养分消耗，又可防止病虫害蔓延。采收嫩果的适时摘心，可促进侧枝结果，提高早期产量。采收种果的及时摘心，促进种果老熟，以利籽粒饱满，提高种子质量。

5. 病虫害防治　黄秋葵采收间隔期短，病虫害防治要选用无公害蔬菜的适用农药，喷雾时尽量不要喷在花器或嫩果上。

（五）采收与贮藏

黄秋葵从播种到株高 30 厘米左右、真叶 7～9 片时即开花结荚，第一嫩果形成需 60 天左右，采收期 60～100 天，全生育期 120 天左右。

1. 采收标准　要求嫩果绿色鲜亮，种粒开始膨大但无老化迹象。供鲜食的嫩荚，温度高时荚长 7～10 厘米、横径约 1.7 厘米；温度较低时荚长 7～9 厘米、横径约 1.7 厘米。供加工的嫩荚长 6～7 厘米、横径约 1.5 厘米为甲级品；长 8～9 厘米、横径约 1.7 厘米为乙级品；荚长 10 厘米以上为等外品。无论鲜食或用来加工，荚长均不要超过 10 厘米。

2. 采收时间　一般第一次采收后，初期每隔 2～4 天采收 1次，随温度升高，采收间隔缩短。8 月份盛果期，每天或隔天采收 1 次。9 月份以后，气温下降，每 3～4 天采收 1 次。

3. 采收方法　采收时用剪刀从果柄处剪下，切勿用手撕摘，以防损伤植株。注意不要漏采，如漏采或迟采，不仅单果老、质量差、影响食用和加工，而且影响其他嫩荚的生长发育。

4. 采后保鲜　嫩荚果呼吸作用强，采后极易发黄变老。如不能及时食用或加工，应注意保鲜。可将嫩荚装入塑料袋中，于 4～5℃流动冷水中冷却至 10℃左右，贮藏在温度 7～10℃、空气相对湿度 95% 条件下，可保鲜 7～10 天。远销外地的嫩果，必须在早晨剪齐果柄，装入保鲜袋或塑料盒中，再轻轻放入纸箱或木箱内，尽快送入 0～5℃冷库预冷待运。如嫩荚发暗、萎软变黄，应立即处理，不再贮藏。

参考文献

［1］陈春秀. 设施西瓜优质生产技术问答［M］. 北京：中国农业出版社，2011.

［2］郎德山，马兴云，范世杰，等. 大棚西瓜甜瓜栽培答疑［M］. 济南：山东科学技术出版社，2012.

［3］刘海河，刘欣. 西瓜优质高效生产技术［M］. 北京：金盾出版社，2015.

［4］张瑞敏，马翠华，王志强. 茄子秋延后栽培技术［J］. 河南农业，2013（10）：12.

［5］胡永军. 茄子大棚技术问答［M］. 北京：化学工业出版社，2010.

［6］陈天友. 芹菜栽培实用技术［M］. 北京：中国农业出版社，2004.

［7］王迪轩，何永梅. 有机蔬菜栽培关键技术［M］. 北京：化学工业出版社，2016.

［8］郭世荣. 无土栽培学［M］. 北京：中国农业出版社，2011.

［9］符彦君，刘伟，单吉星. 有机蔬菜高效种植技术宝典［M］. 北京：化学工业出版社，2014.

［10］金新华. 大棚番茄—茄子（菜椒）—莴苣栽培技术［J］. 上海蔬菜，2012（4）：54-55.

［11］佘友志，沙丰，陆海燕. 大棚番茄/丝瓜—夏青菜—秋莴苣高效栽培技术［J］. 现代农业科技，2010（21）：133.

［12］陆志新，王建锋，陈建祥，等. 番茄—毛菜—莴苣—

年三茬高效栽培技术［J］. 长江蔬菜，2011（21）：24-25.

［13］苗锦山，沈火林. 辣椒高效栽培［M］. 北京：机械工业出版社，2015.

［14］王倩，孙令强，孙会军. 西瓜甜瓜栽培技术问答［M］. 北京：中国农业大学出版社，2007.

［15］王毓洪，皇甫伟国. 西瓜甜瓜轮间套作高效栽培［M］. 北京：金盾出版社，2011.

［16］徐锦华，羊杏平. 西瓜甜瓜设施栽培［M］. 北京：中国农业出版社，2013.

［17］张保东，芦金生. 西瓜甜瓜新优品种栽培新技术［M］. 北京：金盾出版社，2014.

［18］黄保健. 特种蔬菜无公害栽培技术［M］. 福州：福建科技出版社，2011.

［19］刘建. 特种蔬菜优质高产栽培技术［M］. 北京：中国农业科学技术出版社，2011.

［20］韩世栋. 36种引进蔬菜栽培技术［M］. 北京：中国农业出版社，2012.

［21］徐卫红. 有机蔬菜栽培实用技术［M］. 北京：化学工业出版社，2014.

［22］武玲萱，刘钊，王生武. 萝卜实用栽培技术［M］. 北京：中国科学技术出版社，2017.

［23］赵志伟，司家钢. 萝卜胡萝卜无公害高效栽培［M］. 北京：金盾出版社，2011.

［24］田朝辉. 大葱洋葱四季高效栽培［M］. 北京：金盾出版社，2015.

［25］武俊新，申琼. 西葫芦实用栽培技术［M］. 北京：中国科学技术出版社，2017.